KAISERLICHES PATENTAMT.

AUSGEGEBEN DEN 2. NOVEMBER 1886

PATENTSCHRIFT

— № 37435 —

KLASSE 46: Luft- und Gaskraftmaschinen.

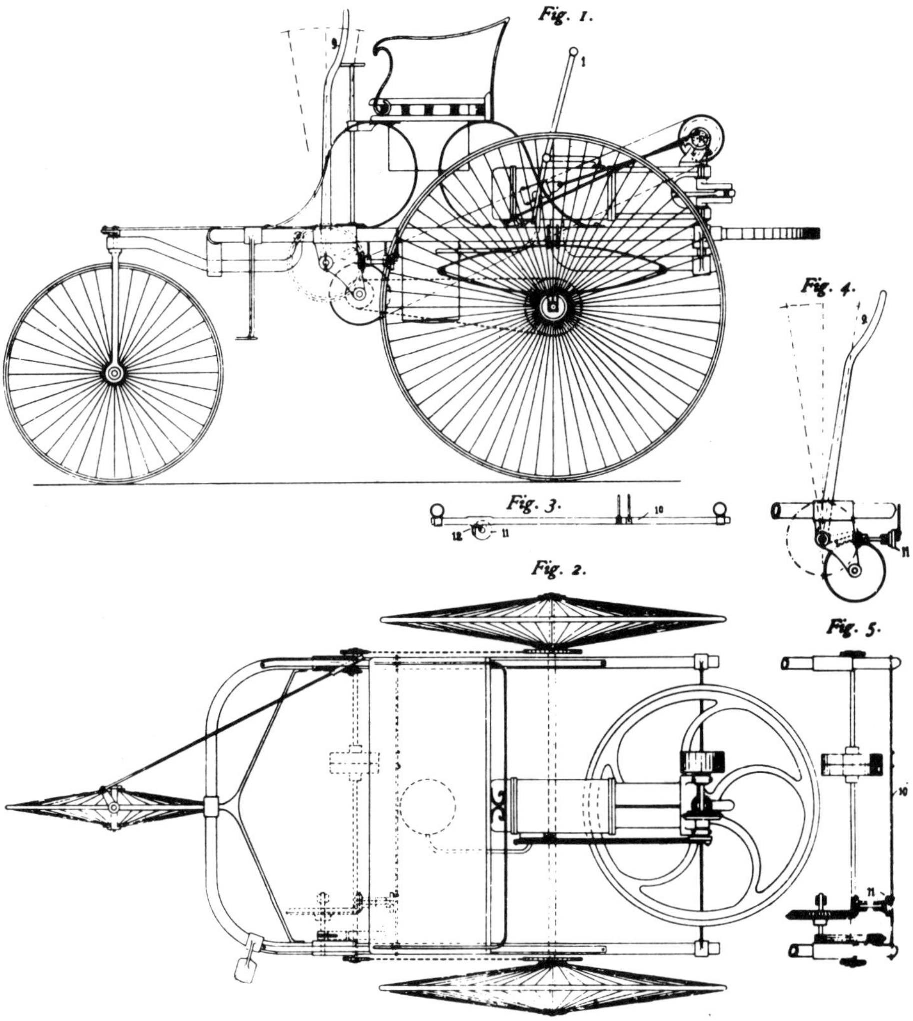

BENZ & CO. in MANNHEIM.

Fahrzeug mit Gasmotorenbetrieb.

PHOTOGR. DRUCK DER REICHSDRUCKEREI.

ROV
4

Jürgen Lewandowski

DAS JAHRHUNDERT DES AUTOMOBILS

Mit einem Geleitwort von
Professor Dr. Werner Breitschwerdt
Vorsitzender des Vorstands
der Daimler-Benz AG

Südwest Verlag München

Oben: Carl Benz mit zwei seiner Fahrzeuge; links ein »Patent-Motorwagen«, rechts ein »Velo«. Auf dem Wagen sitzen Familienangehörige, davor steht, rechts neben Carl Benz, der Auto-Pionier Baron von Liebig.

Abbildung Seite 2: Rover-Landaulette von 1912.

Redaktionelle Mitarbeit: Monika Lewandowski

1985 · 20. Tausend

Einbandgestaltung: Design-Team, München
Layout und Satz: Donau-Atelier-GmbH,
Anton Keller, Donauwörth
Druck und Bindung: Mohndruck, Gütersloh

ISBN 3-517-00874-5

Geleitwort

Das 100jährige Jubiläum des Automobils ist für jeden ein Ereignis von großer historischer Bedeutung. Für das Unternehmen Daimler-Benz besitzt es darüber hinaus ganz besonderen Traditionswert, denn es erinnert an die großen technischen Leistungen unserer beiden Firmengründer Karl Benz und Gottlieb Daimler. Sie waren es, die mit ihren bahnbrechenden Erfindungen das automobile Zeitalter eingeleitet haben, das uns einen sozialen, wirtschaftlichen und technischen Fortschritt ohnegleichen gebracht hat.

Das Automobil bedeutet die Verwirklichung individueller und frei gestaltbarer Mobilität für jedermann. Es erfüllt diesen alten Menschheitstraum nach wie vor besser als jedes andere Transportmittel. Über die Zukunft des Automobils kann es daher keinen Zweifel geben: Sein Platz ganz vorn in der Prioritätenskala des Verbrauchers ist unangefochten.

Zu seinem 100sten Geburtstag präsentiert sich das Automobil jugendlicher und attraktiver denn je. Wir verdanken das einem technischen Fortschritt im Automobilbau, der sich immer wieder an neuen und noch größeren Herausforderungen orientiert hat. Und das wird auch in Zukunft so bleiben.

Unsere Autos des Jahres 2000 werden noch sicherer, umweltfreundlicher und verbrauchssparsamer sein als es die heutigen ohnehin schon sind. In der ständigen Suche nach dem Besseren sehen wir ein Vermächtnis von Karl Benz und Gottlieb Daimler, dem wir uns uneingeschränkt verpflichtet fühlen.

Professor Dr. Werner Breitschwerdt
Vorsitzender des Vorstands der Daimler-Benz AG

Der erste Daimler-Motorwagen von 1886 –
siehe auch Seite 13 oben.

Inhalt

Der erste Automobilprospekt der Welt von 1888: Bereits zwei Jahre nach der ersten öffentlichen Ausfahrt des dreirädrigen Benz-Patent-Motorwagens schildert die Rheinische Gas-Motorenfabrik Benz & Co. die Vorzüge ihres Wagens – der Preis: 2750 Mark.

Die Pioniere

Eine Landpartie aus dem Jahr 1895: Im ersten Fahrzeug die Töchter von Carl Benz – Clara und Thilde. Auf dem zweiten Fahrzeug der Sohn Richard Benz, der gerade seinen Militärdienst ableistete. Die Fahrt führte von Mannheim nach Großsachsen an der Bergstraße.

Wenig ist so alt wie der Traum des Menschen, mobil zu sein – sich frei zu bewegen, Distanzen zu überbrücken. Diesen Traum träumten Dichter und Realisten – Homer in der »Odyssee«, Leonardo da Vinci in seinen »Codices«. Die Kampfwagen der Sumerer, die Tragesänften der Römer, die Kutschen des Mittelalters trugen ebenso ihren Teil zur Mobilität bei wie die Ochsenkarren und Pferdegespanne, die seit Tausenden von Jahren diesem Zweck dienten. Es blieb einem englischen Mönch, Roger Bacon, vorbehalten, schon im 13. Jahrhundert erstmals die Idee eines selbstfahrenden Fahrzeugs – schriftlich nachweisbar – zu äußern. Zwar undefiniert und spekulativ, jedoch unter dem nachdrücklichen Hinweis, daß er jegliche magische Vorstellung ablehne. Der Umschwung kam in der Renaissance, eine neue mathematisch-naturwissenschaftlich orientierte Epoche erkannte, daß diese Welt komplexer sei, als man es sich bis dato vorgestellt hatte. Leonardo da Vinci und Galileo Galilei veränderten das Weltbild. Johannes Kepler entdeckte, mit den Erkenntnissen des Tycho Brahe, die Gesetze der Planetenbewegungen; und Johann Gutenberg ermöglichte mit seiner Revolutionierung des Buchdrucks die Verbreitung dieser Neuheiten.
Ein niederländischer Physiker und Mathematiker, Christian Huyghens, sorgte dann 1673 für den Urknall des Verbrennungsmotors – Huyghens war von Ludwig XIV. an die französische Akade-

Einer der frühen Vertreter des britischen Automobilbaus: Ein Wolseley aus dem Jahr 1899. Diese Marke wurde in demselben Jahr gegründet und mußte 1976 eingestellt werden.

mie der Wissenschaften geholt worden; er galt als einer der klügsten Köpfe seiner Zeit und hatte die Pendeluhr, das astronomische Fernrohr und eine noch heute gültige Lichtwellentheorie erfunden. Und an einem Sommertag des Jahres 1673 führte er seine Pulvermaschine vor, bei der er das Vakuum, das nach einer Verbrennung und dem Entweichen der Verbrennungsgase in einem geschlossenen Raum entstand, für die Bewegung eines Zylinders nutzte. Leider fand diese Bewegung natürlich nur einmal statt, dann war das Schießpulver verbraucht – und die Kolbenbewegung schon beendet. Aber es war ein Anfang.

Denis Papin, Arzt und Mathematiker (und Assistent von Huyghens) gelangte dann zu der Überzeugung, daß die rasche Abkühlung von Dampf zu einer weniger explosionsartigen Verdichtung führen könnte. Er veröffentlichte 1690 das Werk »Neue Methode, die stärksten Triebwerke mit leichter Mühe zu erzeugen«.

Der Brite Thomas Savery hatte 1698 das Patent für ein atmosphärisches Dampf-Hebewerk erhalten – das in England zur Entwässerung von Bergwerksschächten benutzt wurde –, und dieser Weg führte dann über etliche Umwege zu der Dampfmaschine, wie sie 1765 von James Watt vorgestellt wurde.

Natürlich kam nun schnell jemand auf die Idee, diese Dampfmaschine mobil zu machen. Bereits 1769 bewegte sich (wenn auch mehr schlecht als recht) der Dampfwagen von Joseph Cugnot über die Plastersteine von Paris. Mit vielen verschlungenen Pfaden führte diese Technik dann – nicht zuletzt auch über den Umweg der Eisenbahn – zu den Dampfwagen, die bis zu Beginn unseres Jahrhunderts eine ernsthafte Konkurrenz für die damals gerade in Mode kommenden Benzin-Kutschen darstellten. Noch am 26. Januar 1906 erreichte Fred H. Marriott mit seinem Stanley Steamer am Strand von Daytona Beach in Florida 205,448 km/h – die 200-km/h-Grenze wurde also erstmals von einem Dampfwagen durchbrochen (Abb. Seite 48).

Der zweite Pfad, der zu dem mobilen Verkehrsmittel führte, das sich heute auf unseren Straßen durchgesetzt hat, wurde zu Beginn des 16. Jahrhunderts geebnet: Seit dieser Zeit gab es Experimente, aus Steinkohle Gas herzustellen. Johann Joachim Becker aus Speyer präsentierte im Jahr 1680 ein – wie er es nannte – »philosophisches Licht«, 1786 zeigte der Franzose Philippe Le Bon d'Humersin eine mit Holzkohlegas gespeiste »Thermolampe«, und 1791 erhielt der Brite John Barber das Patent für eine Gasturbine, die nach dem Muster von Wasserrädern funktionieren sollte. Schon drei Jahre später stellte Robert Street ein mit Gas betriebenes Pumpwerk vor. Der bereits erwähnte Le Bon ging dann als Ur-Erfinder der Gasmaschine in die Technik-Historie ein. Er hatte 1801 sein Patent für die Leuchtgasherstellung mit dem Entwurf eines Gasmotors ergänzt. Le Bons Konzept war, Gas und Luft mit je einer Pumpe vorzuverdichten, dann in einen gemeinsamen Druckbehälter zu befördern und dieses brennbare Gemisch dann (ähnlich wie bei einer doppelten Dampfmaschine) über und unter einen Kolben zu leiten, wo es elektrisch gezündet werden sollte.

Ähnlich wie bei der Dampfmaschine bewirkte jedes neue Patent eine Fülle neuer Erkenntnisse; die Techniker und Erfinder hatten Hochkonjunktur – jeder probierte etwas Neues aus, manche brachten die Idee weiter, die meisten vergeudeten nur ihr Geld.

Der Schwede Isaac de Rivaz erhielt 1807 das französische Patent auf einen Wasserstoffgasmotor, der Brite William Cecil versuchte sich 1820 an einem atmosphärischen Gasmotor, Samuel Brown baute gegen Ende der zwanziger Jahre des vergangenen Jahrhunderts einen funktionierenden Motor, der nachgewiesenermaßen ein Boot antrieb. Das Auto, das ebenfalls gelaufen sein soll, kann heute nicht mehr nachgewiesen werden. Die Namen derer, die sich mit dem Thema Verbrennungsmotor beschäftigt haben, füllen in den technischen Lexika etliche Seiten; es waren Engländer und Amerikaner, Italiener und Franzosen, Deutsche und auch ein Luxemburger, der allerdings in Paris lebte. Sein Name war Jean Joseph Etienne Lenoir, und ihm sollte es gelingen, der Konkurrenz der Dampfmaschine das Laufen beizubringen.

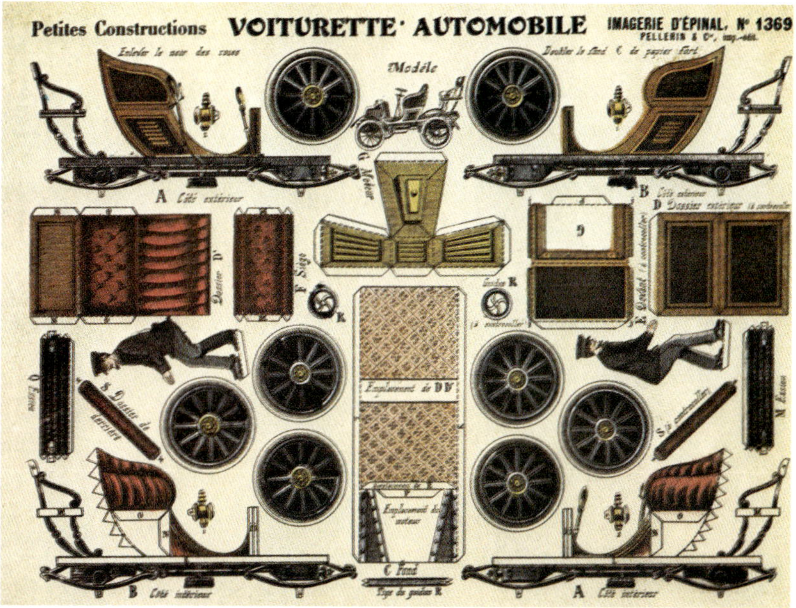

Rasch erkannten geschäftstüchtige Unternehmer, daß das Automobil in vielen Formen für Umsatz sorgen konnte. Hier ein Papier-Modellierbogen von 1899.

Das erste Motorrad der Welt lief bereits im Jahr 1885: Gottlieb Daimler und Wilhelm Maybach hatten den sogenannten »Reitwagen« konstruiert, der mit seinen 0,5 PS aus 264 ccm Hubraum eine Höchstgeschwindigkeit von 12 km/h brachte.

Panhard & Levassor bauten ab 1891 Automobile, die von – in Lizenz gefertigten – Daimler-Motoren angetrieben wurden. Nicht zuletzt dieser Marke war der Durchbruch des Automobils in Frankreich zu verdanken. 1965 wurde die Marke von Citroën übernommen und 1967 eingestellt.

Die Patentschrift des Jahres 1860 sagte klar: »In dieser atmosphärischen Maschine wird das Gas und die Luft durch die Kolbenbewegung selbst, ohne vorherige Mischung und ohne Pumpe angesaugt.« Obwohl der Lenoir-Motor noch viele Schwächen aufwies, wurde er ein großer Verkaufserfolg; er ermöglichte es auch kleineren Betrieben, sich erfolgreich gegen die Großindustrie – die mit den Dampfmotoren die Produktionsmethoden völlig verändert hatte – zu behaupten.
Natürlich zog es die Tüftler auch zum Lenoir-Motor; es galt ihn zu verbessern, ihm den hohen Gasverbrauch und den reichlichen Bedarf an Schmiermitteln abzugewöhnen. Und nicht nur Techniker, sondern auch Laien versuchten sich an dieser Aufgabe; einer von ihnen war Nikolaus August Otto, Handelsvertreter im Rheinischen und im Alter von 28 Jahren Erbe eines kleinen Vermögens seiner Mutter. 1860 begann er – anfänglich mit der Unterstützung seines Bruders (der allerdings rasch aufgab) –, den Lenoir-Motor auf flüssigen Kraftstoff umzustellen. 1863 hatte er nach viel Detailarbeit den Gasmotor weiterentwickelt und verbessert; ein Jahr später fand er in Eugen Langen einen finanzkräftigen Partner, und 1866 wurde das erste preußische Patent für Ottos Konstruktion erteilt. 1867 erhielt der Motor auf der Weltausstellung in Paris eine Goldene Medaille, da er sich im Vergleich mit den Konstruktionen anderer Firmen als besonders sparsam erwiesen hatte.
1872 wurde die »Gasmotoren-Fabrik Deutz AG« gegründet, die die Produktion der Motoren von der handwerklichen Ebene auf eine industrielle heben sollte. Dafür stellte man zwei neue Männer für die Führungsebene ein: Gottlieb Daimler als technischen Direktor und Wilhelm Maybach als Chefkonstrukteur, beides Männer, die noch ausführlicher gewürdigt werden sollen.
Mittlerweile war Konkurrenz aufgetaucht: Die Heißluftmotoren erreichten bis zu 8 PS, die Gasmotoren erreichten nur 3 PS; es war nur noch eine Frage der Zeit, wann der Marktanteil so weit zurückgegangen sein würde, daß die Gasmotorenfabrik Deutz wieder schließen mußte. Otto begann zu grübeln und kam auf den Gedanken, dem bis dato üblichen Zweitakt-Verfahren den Verdichtungshub hinzuzufügen. 1876 lief der erste Viertaktmotor; Wilhelm Maybach sorgte dafür, daß die Konstruktion weiter vervollkommnet wurde, und ein Jahr später bekam er das Patent. Der »Otto«-Motor stellte den Durchbruch dar: Er war einfach zu bauen, sparsamer als alle Konkurrenzmodelle; Otto hatte es geschafft. 1882 verließen Daimler und Maybach die Gasmotorenfabrik Deutz, nachdem Nikolaus Otto und Gottlieb Daimler immer weniger Verständnis füreinander fanden. Da Daimler einen lukrativen Vertrag mit Gewinnbeteiligung ausgehandelt hatte, konnte er daran denken, sich selbständig zu machen.

Das erste Fahrzeug von Gottlieb Daimler: Der Motorwagen des Jahres 1886 mit einem Einzylinder-Motor (462 ccm Hubraum) und 1,1 PS Leistung bei 600 U/min. Die Höchstgeschwindigkeit betrug 18 km/h, und es wurde nur ein Exemplar gebaut.

Otto ging es finanziell hervorragend, bis am 30. Januar 1886 das deutsche Reichsgericht Nikolaus Otto die Rechte an seinen Patenten aberkannte. Was war geschehen? Bereits 1862 hatte der französische Eisenbahningenieur Alphonse Beau de Rochas eine Schrift veröffentlicht, in der er – nur in der Theorie – Wege zum Viertakt-Verfahren aufgezeigt hatte. An diese Veröffentlichung war auch ein Patent geknüpft, für das sich aber niemand interessiert hatte und das nach zwei Jahren unbeachtet wieder verfallen war. Auch Otto hatte niemals etwas von diesen Schriften oder dem Patent gehört – das deutsche Reichsgericht erkannte Beau de Rochas jedoch die Priorität zu, und damit durfte jeder (da das Patent von Rochas ja mittlerweile verfallen war) den Viertaktmotor ohne Lizenzgebühren an Nikolaus Otto – der ihn zum Laufen gebracht hatte – nachbauen. Otto zerbrach an diesem Schicksalsschlag, er starb unbeachtet im Jahr 1891.
Viele haben den Anspruch erhoben, das erste Automobil gebaut zu haben – die Vielzahl der »Hundertjahrfeiern« der achtziger Jahre beweist dies zur Genüge. Sie leiden aber alle unter demselben Fehler: Sie stimmen nicht. Der Marcus-Wagen beispielsweise, der regelmäßig wieder auftaucht und bereits im Jahr 1876 in Wien gelaufen sein soll, war in Wirklichkeit eine atmosphärische Versuchsmaschine, die Siegfried Marcus auf einen Handwagen gestellt hatte; es gab keine Verbindung zwischen Motor und Rädern. Julius Söhnken aus Wiesbaden hat 1873 – ebenfalls erfolglos – Versuche mit einem Gasmotor-Fahrzeug gemacht.
Die Italiener feiern Giuseppe Murnigotti als Pionier, er ließ sich nur das Konzept eines Dreirads mit Motor patentieren – gelaufen ist es nie. Und es gab sogar Leute, die ließen sich das Konzept eines Kraftwagens patentieren, ohne eine Problemlösung bereitzustellen oder gar einen Wagen oder einen Motor zu bauen. Ein Amerikaner, Rechtsanwalt von Beruf, verklagte bis zum Jahr 1911 die amerikanische Automobilindustrie, ihm für jedes gebaute Auto einen Obolus zu entrichten – dann verlor er den entscheidenden Prozeß, weil ihm die gegnerischen Anwälte nachweisen konnten, daß er sich das falsche System hatte patentieren lassen: er hatte auf Automobile mit Zweitaktmotoren gesetzt, in den USA wurden jedoch nur Fahrzeuge mit Viertaktmotor gebaut.
Die Franzosen feierten 1984 ihren Edouard Delamare-Deboutteville, der 1883 ein hölzernes Motordreirad gebaut hatte und daraus noch einen Vierrad-Wagen mit einem Zweizylinder-Viertaktmotor entwickelte, der im Februar 1884 zum Patent angemeldet wurde. Tatsache ist aber, daß das Dreirad bei der ersten Fahrt zusammenbrach, der Vierradwagen niemals in Fahrt gesehen wurde und die Patentschrift eine nicht funktionsfähige Konstruktion beschreibt. So kann man wohl auch dieses Kapitel zur Seite legen.

1889 begann auch die Firma Peugeot Fahrzeuge zu konstruieren: Hier ein Omnibus mit acht Sitzplätzen aus dem Jahr 1898.

Ein Vorläufer des Omnibus: Der Train-Scotte – ein dampfbetriebenes öffentliches Verkehrsmittel. Der Plakatentwurf stammt von Henri Gray aus dem Jahr 1897.

Die französischen Pioniere, die gegen Ende des vorigen Jahrhunderts den Siegeszug des Automobils einleiteten, haben in ihrer Korrespondenz stets darauf hingewiesen, daß Gottlieb Daimler und Carl Benz die Schöpfer des funktionsfähigen Automobils seien. Zwar waren viele Männer an der Entdeckung der Zusammenhänge beteiligt, aber auch diesen Pionieren fehlten zu oft noch Erkenntnisse, die geeigneten Materialien waren noch unbekannt, physikalische Zusammenhänge ungeklärt – zuweilen fehlte auch schlicht der richtige Gedanke zum richtigen Moment.

Daimler und Benz hingegen hatten, geprägt durch ihre Arbeit und durch die »richtigen« Kollegen, klar erkannt, wie der Weg zu beschreiten sei – und sie gingen ihn, ohne Ablenkung, ohne sich aus dem Schritt bringen zu lassen.

Gottlieb Daimler, der am 17. März 1834 als Sohn eines angesehenen Bäckermeisters in Schorndorf – einer Kleinstadt unweit von Stuttgart – geboren wurde, besuchte die Schorndorfer Realschule, anschließend die Lateinschule, bevor er beim Büchsenmacher Raithel in die Lehre ging. Überall fiel seine naturwissenschaftliche Begabung auf; folglich besuchte Daimler die gewerbliche Fortbildungsschule in Stuttgart, die Gesellen mit abgeschlossener Ausbildung offenstand. Über den Direktor der Schule erhielt Daimler 1853 eine mit einem Stipendium verbundene Stelle bei einer Maschinenbauanstalt im Elsaß. Drei Jahre später kehrte er nach Stuttgart zurück, um an der polytechnischen Schule Physik und Chemie, Maschinenbau und Geschichte, Volkswirtschaft und Englisch zu studieren. Die Maschinenbauanstalt rief den ausgebildeten Ingenieur wieder, der auch kurz ins Elsaß zurückkehrte, bevor er im Sommer 1861 über Paris – wo er sich sehr aufmerksam den Lenoir-Motor betrachtete – nach England weiterreiste, ins Mutterland der Industrialisierung. Hier interessierte er sich für die Maschinenfabrikation und den Schiffsbau.

Im Sommer 1862 kehrte Daimler, nachdem er noch die Weltausstellung in London besucht hatte, ins Schwabenland zurück und übernahm im

Von 1897 bis 1930 existierte in Frankreich die Marke Richard-Brasier – hier ein Plakat von 1904, auf dem der Sieg beim berühmten Gordon-Bennett-Rennen gefeiert wird.

Der erste geschlossene Cadillac – er trug den schönen Namen Osceola und wurde 1905 gebaut. Die frühere Detroit Automobil Company hatte 1903 den Namen Cadillac bekommen.

Mit diesem Modell begann im Jahr 1899 die Firma FIAT (»Fabbrica Italiana Automobili Torino«) ihren Aufstieg. Angetrieben wurde das »Vis-à-Vis«-Modell von einem 3,5-PS-Zweizylinder-Motor.

»Bruderhaus« in Reutlingen die Leitung der Maschinenfabrik. Das »Bruderhaus« war eine Gründung des schwäbischen Theologen Gustav Werner, der in diesem Unternehmen Vollwaisen, Verarmte und Behinderte beschäftigte, um »der aufkommenden Industrie das Prinzip eines christlichen Sozialismus einzupflanzen«.

Die sechs Jahre, die Daimler in Reutlingen verbrachte, waren entscheidend für sein weiteres Leben: Er fand seine Frau, die Apothekerstochter Emma Kurz aus Maulbronn, er fand seinen Freund und Weggefährten Wilhelm Maybach, er bekam eine fundierte Ausbildung in der Bewältigung wirtschaftlich-technischer Probleme, und er löste die finanziellen Schwierigkeiten der Fabrik, was ihn später zu dem Resümee veranlaßte: »Es ist ziemlich schwierig gewesen, die Verbindung zwischen christlichem Sozialismus und der kapitalistischen Wirtschaftsführung herzustellen.«

Daimler und Maybach, der im Alter von zehn Jahren zur Vollwaise wurde und deshalb im »Bruderhaus« aufgewachsen war, blieben bis zum Tod von Gottlieb Daimler im Jahr 1900 eine verschworene Gemeinschaft. So nahm Daimler den zwölf Jahre jüngeren Maybach 1869 mit zur Maschinenfabrik Karlsruhe, wo er Vorstandsmitglied geworden war, und 1872 gingen sie gemeinsam zur Gasmotoren-Fabrik Deutz AG, bei der sich Maybach sofort daranmachte, die Konstruktionen von Nikolaus Otto technisch zu überarbeiten.

Im Jahr 1878 erkannte Daimler das Hauptproblem aller Motoren der damaligen Zeit: Sie liefen zu langsam; man brauchte einen kleinen, leichtgewichtigen und schnellaufenden Verbrennungsmotor, der – nebst anderem – auch ein Fahrzeug antreiben konnte. Nur Maybach war in der Lage, die Gedankengänge von Daimler nachzuvollziehen. Da Otto – der gerne die Betriebsleiterstelle von Daimler gehabt hätte – für eine nur wenig erfreuliche Betriebsatmosphäre sorgte, machte sich Daimler 1882 selbständig, und es war klar, daß Wilhelm Maybach ihm nach Bad Cannstatt folgte.

Im Gewächshaus hinter der heimischen Villa begann in den darauffolgenden Jahren der »Schnell-Läufer« Formen anzunehmen. Daimler

Ein weiteres Erstlingswerk: Am 24. Dezember 1898 verkaufte Louis Renault für 40 Louisdor seinen ersten Wagen, ein auf vier Räder umgebautes 0,75-PS-De-Dion-Dreirad, das außerdem – als erstes Auto der Welt – mit einem Kardanantrieb ausgestattet war.

Auch 1909 wurde bereits mit Rennerfolgen Werbung betrieben – Continental weist hier stolz auf die Siege bei den äußerst populären Prinz-Heinrich- und Herkomer-Fahrten hin.

hatte das Hauptproblem gelöst und eine Zündung entwickelt, die den bis dato nur etwa 200 U/min drehenden Viertakter von Otto auf etwa 600 U/min brachte – das Ergebnis war die Glührohrzündung, die auf Grundlagen des Engländers Watson basierte. 1883 lief der mit Gas betriebene ¼ PS starke Motor mit 600 U/min zum ersten Mal. Es folgte der Prozeß gegen Nikolaus Otto, der 1886 die Freigabe der Otto-Patente zur Folge hatte. Zwar hatte Daimler seit 1883 versucht, Teile dieser Patente von der Gasmotoren-Fabrik Deutz AG anzukaufen, dieses Ansinnen war jedoch abgelehnt worden, und so konnten sich Daimler und Maybach nun ihrerseits ihre Verbesserungen patentieren lassen. Sie hatten bereits am 29. August 1885 vorgesorgt und eine Patentschrift beim Kaiserlichen Patentamt in Berlin eingereicht, die – mit zwölf Zeichnungen aus der Hand von Wilhelm Maybach – das Reitrad, das erste Motorrad der Welt, beschrieb (Abb. Seite 11). Am 10. November 1885 fuhr der älteste Sohn des Hauses, Paul Daimler, mit dem Reitrad von Bad Cannstatt nach Untertürkheim.

Anfang 1886 bekam auch eine Kutsche der Wagenbaufirma Wimpf & Sohn, dem königlichen Hoflieferanten zu Stuttgart, einen 1,1-PS-Motor verpaßt – über diese ersten Fahrten gibt es allerdings keine exakten Angaben.

Daimler hatte anfänglich noch nicht allzuviel Vertrauen in die »Motor-Kutschen«, er baute zuerst hauptsächlich Motorboote, Schienenwagen und Draisinen, Stromaggregate und Feuerspritzen – 1888 wurde sogar versucht, einen Fesselballon mit Motorhilfe in ein lenkbares Luftgefährt zu verwandeln.

Offiziell tauchte die Motor-Kutsche das erste Mal im Jahr 1888 in der »Schwäbischen Chronik« auf, die am 16. August berichtete: »Nun werden die Versuche auch auf ein Straßenfuhrwerk, eine Droschke, ausgedehnt.« Und am 17. Juli 1888 beantragte Daimler seine erste Fahrgenehmigung für »eine viersitzige, leichte Chaise mit einem kleinen Motor«.

1889 konstruierte Maybach den ersten Zweizylinder, der schlicht und einfach aus zwei der be-

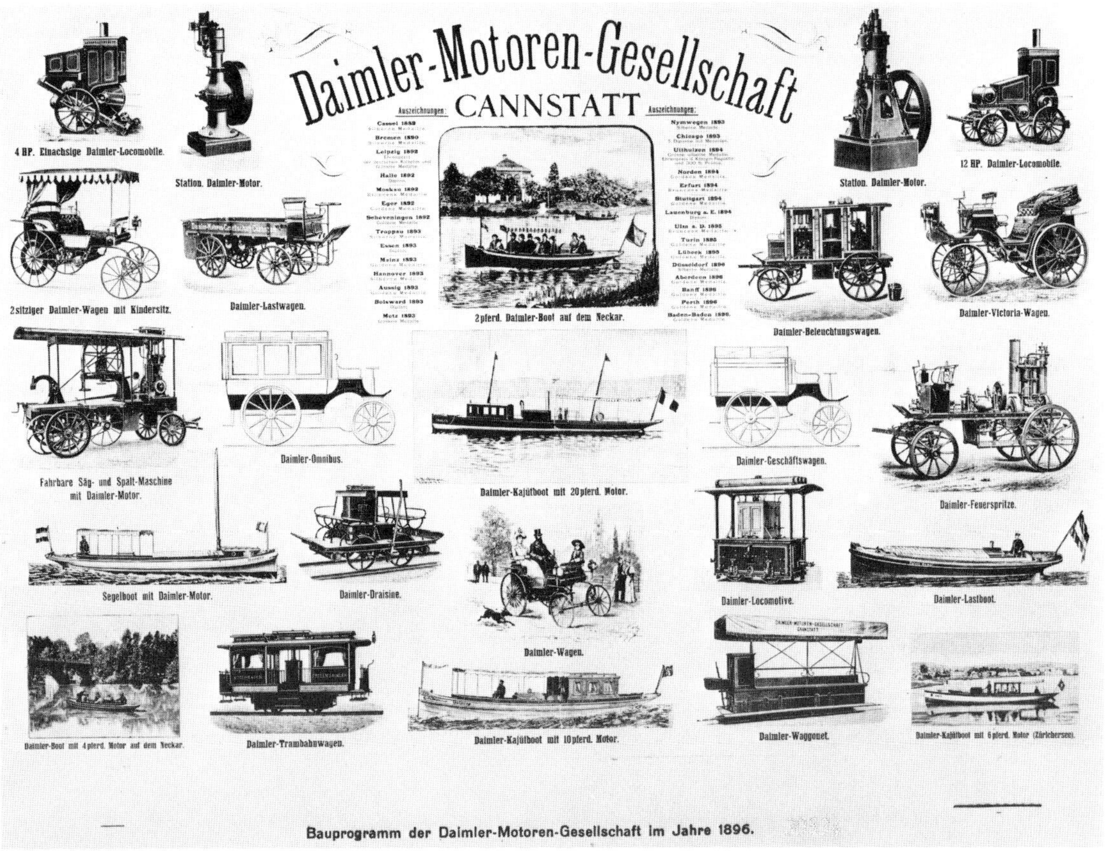

Bauprogramm der Daimler-Motoren-Gesellschaft im Jahre 1896.

Das Bauprogramm der Daimler-Motoren-Gesellschaft von 1896 zeigt die große Vielfalt, die dieses Unternehmen bereits zehn Jahre nach dem ersten Automobil für den Markt produzierte.

währten Einzylinder bestand, die in einem V-Winkel von 17° montiert wurden – die Leistung betrug etwa 2 PS. Auf der Pariser Weltausstellung im gleichen Jahr war es dann soweit: Der Stahlrad-Wagen – eine leichte vierrädrige Kutsche mit einem Gewicht von nur 300 Kilogramm – feierte Premiere. Dies war die erste organische Verbindung zwischen Fahrgestell und Motor, der Maybach – gegen den Willen Daimlers – ein Viergang-Zahnradgetriebe, eine Vollgummibereifung und eine gemeinsame Lenkstange der beiden Fahrradgabeln beigesteuert hatte. Mit diesem Fahrzeug hatten Daimler und Maybach die Konstruktion des Automobils grundsätzlich definiert.

Carl Benz*, der zweite Pionier, wurde am 25. November 1844 in Karlsruhe in eine Handwerkerfamilie hineingeboren. Sein Vater, einer der ersten Lokomotivführer, starb vor der Geburt des Sohnes, und die Mutter sorgte dafür, daß der naturwissenschaftlich begabte Carl das Lyceum und die anerkannte Polytechnische Schule in Karlsruhe besuchen konnte. 1864 trat er eine Stelle als Lehrling bei der Karlsruher Maschinenfabrik an; drei Jahre später verließ er sie mit einem Abschluß – nur zwei Jahre, bevor Daimler dort seine Stellung antrat.

Benz ging als Werkführer zu einer Brückenbaufirma nach Pforzheim, lernte seine spätere Frau, Bertha Ringer, kennen und gründete, nachdem seine Frau sich vorzeitig ihr Erbe hatte auszahlen lassen, die Firma »Carl Benz, Eisengießerei und mechanische Werkstätte«. Die Geschäfte gingen schlecht, die Ersparnisse schmolzen dahin – 1877 konnte Benz ein Darlehen von 2000 Mark nicht mehr zurückzahlen.

Seit dem Jahr 1886 produzierten die fünf Opel-Brüder Fahrräder – 1898 stellten sie dann ihre ersten Wagen vor. Der Opel-Patent-Motorwagen hatte einen Einzylinder-Heckmotor mit 4 PS Leistung und erreichte 18–20 km/h. Der Preis betrug – »incl. der Vollgummireifen« – 4000 Mark.

*) Benz, auf den Namen Karl getauft, schrieb sich selber stets Carl.

1906 wurde die Firma ALFA (»Anonima Lombarda Fabbrica Automobili«) gegründet, die 1920 mit der Übernahme durch den Industriellen Nicola Romeo ihren heute noch gültigen Namen Alfa Romeo erhielt. Dieser 15-HP-Wagen stammt noch aus der ALFA-Zeit und führt den Namen seines Konstrukteurs Lancia.

Gegen Ende des vergangenen Jahrhunderts wurden auch die ersten Rennen ausgetragen. – Hier ein Entwurf von Georges Gandy für das Rennen Brüssel–Spa aus dem Jahr 1898.

Auch Benz erkannte in dieser verzweifelten Situation, daß er etwas Neues erfinden müsse, um aus seinen Schwierigkeiten zu kommen, und auch ihm wurde klar, daß die kleine, handlich-praktische Kraftquelle, die die Industrie von morgen benötigen würde, noch immer nicht erfunden worden war. Also machte er sich an den Verbrennungsmotor.

Er versuchte sich allerdings am Zweitaktmotor, den er nach viel Feinarbeit in der Silvesternacht 1879 tatsächlich zum Laufen brachte. Bis 1882 hatte er auch genügend Geldgeber zusammen, um die »Aktiengesellschaft Gasmotorenfabrik in Mannheim« zu gründen, aus der er allerdings schon im Dezember dieses Jahres wieder austrat. Diese AG hat übrigens bis zum Jahr 1893 Zweitaktmotoren nach seinen Patenten gebaut, ohne ihm dafür einen Pfennig zu bezahlen.

Am 1. Oktober 1883 gründete er dann die Firma »Benz & Co«, die bald so viel Gewinn abwarf, daß sich Benz mit seinem Gedanken eines kleinen Fahrzeugmotors befassen konnte – und da mittlerweile Otto seine Patente verloren hatte, konnte sich der Praktiker Benz ganz auf dessen Viertakt-Prinzip konzentrieren, das er mittlerweile als die bessere Lösung erkannt hatte. 1885 begann die Konstruktion des Benz-Patent-Motorwagens, der mit seinem Stahlrohrrahmen und einem 954 ccm großen Einzylindermotor mit 0,9 PS Leistung im Sommer 1886 zum Laufen kam. Benz hatte die Form des Dreirads gewählt, da er sich über die Steuerung noch nicht im klaren gewesen war – doch auch das Dreirad lief: Die »Badische Landeszeitung« berichtete am 3. Juli 1886: »Ein Velociped, welches von der Firma Benz & Co konstruiert wurde, wurde heute auf der Ringstraße probiert, und die Probe soll zufriedenstellend ausgefallen sein.«

Seinen Kompagnons wurde die Entwicklung immer unheimlicher; sie baten Benz, die Weiterentwicklung aufzugeben. Natürlich konnte und wollte dieser nicht mehr zurück, deshalb zog er wieder einmal die Konsequenzen und suchte sich neue Teilhaber. Friedrich von Fischer und Julius Ganß hießen die neuen Geldgeber, die bereit wa-

Regnen durfte es allerdings nicht; viersitziges Modell des Hauses Wolseley aus dem Jahr 1901.

ren, in die Entwicklung der neuartigen Motorwagen zu investieren.
Als sich Carl Benz von seinem bisherigen Partner Max Rose verabschiedete, flüsterte dieser ihm ins Ohr: »Lassen Sie bloß die Finger von diesem verdammten Motorwagen!« Aber dazu war es zu spät; Benz hatte die Chancen des neuen Verkehrsmittels bereits zu klar erkannt.
Dabei entbehrten die ersten Versuche nicht einer gewissen Komik: So mußte der erste Wagen, der lediglich über einen Gang verfügte und der noch keine Kupplung hatte, angeschoben werden, damit er. überhaupt zum Laufen kam. Außerdem hatte Benz – sich der Feuergefährlichkeit von Benzin wohl bewußt – erst gar keinen Benzintank montiert, sondern seinen Sohn Eugen mit einer Benzinflasche ausgestattet. Der junge Mann mußte dem Wagen nachlaufen, »um nachzuschütten, wenn das Benzin zu Ende ging« – wie es der Vater in seinen Memoiren beschrieb. Dämmerung und Dunkelheit waren übrigens Benz die liebste Zeit für Versuche, und es bedurfte vieler Probefahrten und Verbesserungen, bis der Wagen schließlich befriedigend lief. Auch die mißtrauisch-staunende Bevölkerung benötigte einige Zeit, um zu begreifen, daß Carl Benz keineswegs ein Fall für den Psychiater war.

Obwohl Benz seinen Wagen auf etlichen Ausstellungen zeigte und die Zeitungen viel über ihn berichteten, war es schwer, Käufer zu finden. Der erste Interessent wurde – kurz vor der Auslieferung des Wagens – in eine Irrenanstalt eingeliefert.
Dies entmutigte Benz jedoch nicht – er hatte mit Daimler gleichgezogen, das Auto war geboren.

Bereits 1896 begann Ranson Eli Olds in Lansing (Michigan) seine ersten Einzylinder-Fahrzeuge zu verkaufen. Ab 1901 trugen seine Autos dann den Namen Oldsmobile – hier ein Typ »Curved Dash« aus dem Jahr 1902.

Die ersten Gehversuche

Es war keineswegs so, daß die Menschheit auf das Automobil gewartet hatte – und auch die Pioniere verkauften die ersten schnellaufenden Motoren zumeist für Boote, für Feuerwehrspritzen, für Eisenbahnen. Es blieb Frau Benz vorbehalten, die erste »Langstrecken«-Fahrt auszuführen.

Im August des Jahres 1888, zur Zeit der Schulferien der beiden Söhne Eugen und Richard, standen Mutter und Söhne frühmorgens auf; die Abfahrt war auf fünf Uhr festgesetzt worden, da Vater Benz zu dieser Zeit noch schlief und man ihm von diesem Ausflug nichts erzählen wollte. Der Weg führte die drei nach Pforzheim, zum Haus der Großmutter. Da der Einzylindermotor vor allem bei Steigungen nur zu gerne streikte, wurde eine Strecke ausgesucht, die möglichst wenig Schwierigkeiten bot. Trotzdem mußte öfters angehalten und geschoben werden, und genauso mühselig gestaltete sich die Suche nach Benzin und Wasser – schließlich wurde dieser Treibstoff nur in Apotheken verkauft und auch dort nicht überall. Das Wasser mußte in größeren Mengen herbeigeschafft werden, da das Kühlungssystem des Motors keineswegs perfekt war. Wenn der Benzinzufluß zum Vergaser verstopfte. griff Bertha Benz zur Haarnadel, um die Öffnungen freizulegen; bei einem Kurzschluß der elektrischen Leitung sorgte ihr Strumpfband für die Isolierung, und als die mit Leder bezogenen Bremsbeläge verschlissen waren, montierte ein Schuster neue Lederbänder. Als der Abend hereingebrochen war, erreichte das Trio kurz vor Pforzheim den Gasthof »Post« und sandte dem Vater ein Telegramm, das ihm von der ersten Fernfahrt eines Automobils berichtete. Carl Benz war keineswegs böse, sondern freute sich vielmehr über diesen Beweis der Leistungsfähigkeit seines Wagens – und die Schwierigkeiten an den Steigungen veranlaßten ihn sofort, die Getriebeabstufungen entsprechend zu ändern.

Wer sich im vergangenen Jahrhundert ein Automobil zulegte, war Pionier – er betrat Neuland. Er mußte sich gegen Pferdegespanne behaupten. Ein englisches Gesetz forderte sogar, daß vor jedem Wagen ein Mann mit einer roten Flagge einhergehen müsse, um den »normalen« Verkehr vor diesen Ungeheuern zu warnen. Das Straßennetz war weitgehend nicht existent, an Reparaturwerkstätten war nicht zu denken, Ersatzteile schmiedete man sich besser selber, und die Preise für diese Fahrzeuge waren wirklich nicht als billig zu bezeichnen: Der Benz-Patent-Motorwagen Modell 3, von dem etwa 25 Exemplare hergestellt wurden, kostete immerhin die stolze Summe von 3000 Mark.

Zunächst baute John Kemp Starley nur Fahrräder, bis er im Jahr 1904 seinen ersten Rover (engl. = Wanderer, Herumstreicher) vorstellte. Der 1,3-Liter-Einzylinder mit 8 PS Leistung überraschte besonders durch seinen Zentralrohrrahmen, der allerdings bald durch einen konventionellen Rahmen ersetzt wurde.

Gottlieb Daimler lernte rasch die Wünsche seiner verwöhnten Kundschaft kennen: Bereits 1902 war der Simplex-Tourenwagen mit 5,3-Liter-Vierzylindermotor im Angebot. Er leistete bei 1100 U/min 32 PS und ermöglichte eine Höchstgeschwindigkeit von 60 km/h.

So sah die Automobilproduktion vor dem 1. Weltkrieg aus: Im Ford-Werk Highland Park wurden im Jahr 1912 die Karosserien und die Fahrgestelle durch ein simples Rutschen-Gestell zusammengeführt.

Es waren die Franzosen, die das Automobil entdeckten: Der Stahlradwagen, den Gottlieb Daimler 1889 auf der Weltausstellung in Paris gezeigt hatte, fand das große Interesse von Madame Sarazin, die Daimler bereits seit etlichen Jahren bekannt war. Ihr – im Jahr 1887 verstorbener – Mann war der Vertreter der Gasmotoren-Fabrik Deutz für Frankreich gewesen; er hatte den Weg von Daimler aufmerksam verfolgt und alle deutschen Patente zur Auswertung in Frankreich und zur Erteilung französischer Patente übertragen bekommen.
Sarazin hatte außerdem Kontakte mit Emile Levassor aufgenommen, der seinerseits wiederum kurz zuvor Gesellschafter der Firma Perin, Panhard & Cie. geworden war. Sarazin wollte dieser Firma nun die Motoren von Daimler anbieten – sein Tod am 24. Dezember 1887 kam dem Vertragsabschluß jedoch zuvor. Die Firma Panhard & Levassor (Perin war ebenfalls verstorben) fragte nun bei der Witwe Sarazin an, ob sie die Rechte am Daimler-Motor haben könnte – der Besuch auf der Weltausstellung und die Besichtigung des Stahlradwagens hatten sie überzeugt.
Das Ergebnis der Verhandlungen war ein Vertrag, der zum 1. November 1889 Frau Sarazin die Auswertung aller französischen und belgischen Patente gegen eine noch zu vereinbarende Summe abtrat. Diese Summe mußte nicht auf Anhieb bezahlt werden (»erst wenn Sie damit verdient haben, aber spätestens innerhalb drei Jahren«). Madame Sarazin verkaufte dann ihrerseits die Rechte zur Fabrikation nach den Daimler-Patenten gegen die Zahlung einer Lizenzgebühr von

Walter Gotschke, einer der Großen der Kunst, Automobile in ihrer Zeit zu malen, hat hier eine Szene aus dem Jahr 1912 wiedergegeben – ein Wanderer-»Puppchen« inmitten der ersten Flugzeuge.
Die Marke Wanderer – 1885 von Richard Jänicke und Johann Baptist Winkelhofer in Chemnitz gegründet – baute ab 1905 auch Automobile.
1932 ging die Marke in der Firma Auto Union auf.

20 Prozent an die Firma Panhard & Levassor. Am 17. Mai 1890 schließlich heiratete Emile Levassor die Witwe Sarazin – und so wurden die Beziehungen zwischen den Firmen Daimler und Panhard & Levassor noch enger.

Armand Peugeot, der ab 1889 zusammen mit Léon Serpollet Dampfdreiräder gebaut hatte, begann ebenfalls – mit einer Daimler-Lizenz – Automobile zu bauen. 1895 hatte er bereits einen eigenen Zweizylinder (Konstrukteur: Louis Rigoulot) im Programm, und zur Jahrhundertwende gab es bereits eine Modellpalette mit Hubräumen von 0,8 bis 5,8 Liter.

Den entscheidenden Anteil an der Konstruktion des Automobils in der uns heute geläufigen Form muß man jedoch Panhard & Levassor zuschreiben: Hier wurden zum ersten Mal der Motor nach vorne und das Differential nach hinten gelegt. Emile Levassor führte bei seinen Automobilen das Lenkrad und die geneigte Lenksäule ein. Das Kupplungspedal, der Luftreifen und der Röhrenkühler waren seine weiteren Beiträge für das moderne Automobil. Und Panhard blieb noch für viele Jahre unter den Firmen, die stets bereit waren, neue Ideen zu verwirklichen. 1967 mußten dann die Werkstore in Ivry geschlossen werden, nachdem auch die Übernahme durch Citroën zwei Jahre zuvor den finanziellen Kollaps nicht mehr hatte aufhalten können. Eine der wichtigsten Pionier-Firmen hatte aufgehört zu existieren.

Austin entstand im Jahr 1906, als sich Herbert Austin, ein studierter Bauernsohn aus Buckinghamshire, in Longbridge bei Birmingham selbständig machte – hier ein Austin Town Carriage von 1910.

Obwohl Gottlieb Daimler die Bedeutung des Automobils noch immer nicht in seinem vollen Umfang erkannt hatte – er wollte hauptsächlich Motoren verkaufen –, errichtete er in verschiedenen Ländern Vertretungen. 1890 ging er nach Wien, 1893 gründete er zusammen mit dem britischen Ingenieur Frederick Simms die »Daimler Motor Syndicate Ltd.« mit einem Stammkapital von 6000 Pfund Sterling – das war die Geburtsstunde der britischen Automobilindustrie. Mittlerweile gehört Daimler, jedenfalls der britische Ableger, der seit Jahrzehnten mit der deutschen Daimler-Benz AG nur noch einen Namen gemein hat, zu Jaguar.

In Italien hatte Daimler erstmals 1891 im Ausstellungspark von Palermo eine Straßenbahn mit einer Spurweite von 600 mm in Betrieb genommen; ein Jahr später fuhr ein 4-PS-Daimler-Motorboot in knapp zwei Wochen rund um Sizilien. Die »Costruzioni Meccaniche« in Saronno, die die Alleinvertretung der Daimler-Motoren-Gesellschaft für Italien besaß, hatte allen Grund, sich über diese Werbung zu freuen. Die Firma »Brena & Ricordi« in Mailand hingegen vertrat die Interessen von Carl Benz – und auch sie machte soviel Demonstrationsfahrten wie möglich. Ein Mann, der im Jahr 1892 erstmals einen Daimler-Motor zu sehen bekam, war der 1865 geborene Giovanni Agnelli. Er verließ seine sichere Position als Offizier beim italienischen Militär, begeisterte seine Freunde – darunter David Federman, den Turiner Generalvertreter des Hauses Daimler – und überzeugte etliche einflußreiche und vermögende Männer, eine italienische Automobilindustrie aufzubauen. Im Juli 1899 wurde die »Fabbrica Italiana Automobilé Torino« gegründet – die unter der Abkürzung FIAT heute eines der wichtigsten Unternehmen Italiens ist.

Die bereits 1890 in Wien gegründete Daimler-Motoren-Gesellschaft wurde am 25. Juli 1899 zur »Österreichischen Daimler-Motoren-Kommanditgesellschaft Bierenz, Fischer & Co.« erweitert, und der älteste Sohn, Paul Daimler, übernahm die technische Leitung des Hauses. Diese Tochtergesellschaft war außerordentlich innovativ, man konstruierte Allradwagen, und im Jahr 1906 wurde ein neuer Mann Chefkonstrukteur des Hauses: Ferdinand Porsche. Der 1875 als Sohn eines Spenglermeisters geborene Ferdinand Porsche, der bereits im Alter von 25 Jahren Chefkonstrukteur beim k.u.k. Hofwagenlieferanten Ludwig Lohner geworden war, ersetzte Paul Daimler, der in Stuttgart den Posten von Wilhelm Maybach übernehmen mußte, da dieser zum 31. März 1907

Als August Horch am 19. Juni 1909 die von ihm gegründete Automobilfabrik A. Horch & Cie. verließ, war er sich schon darüber im klaren, daß er nur wenige Tage später (am 16. Juli 1909) eine neue Firma gründen würde. Sie sollte unter dem Namen Audi (lat. = Horch »Hör zu«) bis heute bestehen. Hier ein Audi Typ B 10/28 PS.

gekündigt hatte. Porsche, der zu damaligen Zeiten auch selbst am Lenkrad seiner Konstruktionen saß – er gewann 1910 die Prinz-Heinrich-Fahrt –, blieb bis 1923 in Wien; dann ging er als Chefkonstrukteur und technischer Vorstand zu Daimler nach Stuttgart, wo er bis 1929 einige herausragende Fahrzeuge auf die Räder stellte.

Auch in den Vereinigten Staaten sorgten Daimler und Benz für die Initialzündung: Im August 1888 hatte William Steinway, der Inhaber der Pianofabrik Steinway & Sons, erste Gespräche mit Gottlieb Daimler über den Vertrieb dieser neuartigen Fahrzeuge geführt. Das Ergebnis war die Gründung der »Daimler Motor Company« mit Sitz in

Kurz nachdem das Automobil seinen Siegeszug angetreten hatte, wurden auch schon die ersten »Paraden« abgehalten, wie hier 1900 in Lansing im US-Bundesstaat Michigan

Am Anfang waren Automobile nichts anderes als Kutschen ohne Pferde. Dieses Bild aus dem Jahr 1906 zeigt Graf Bopp von Oberstadt, den Präsidenten des Bayerischen Automobilclubs, mit seiner Gattin. Die Fahrer (= Kutscher) hatten wie eh und je im Freien zu sitzen.

New York, die am 29. September desselben Jahres beschlossen wurde. Die Produktion nach den Patenten des Deutschen begann im Jahr 1891 bei der »National Machine Company Hartford, Connecticut«. Carl Benz machte am 2. November 1895 auf seine Produkte aufmerksam, als Oscar Mueller auf seinem Benz »Vis-à-Vis« die erste Zuverlässigkeitsfahrt, die von der Zeitschrift »Times Herald« veranstaltet wurde, nach einer Fahrzeit von 8 Stunden und 44 Minuten gewann.
Die beiden Deutschen hatten innerhalb von wenigen Jahren die Idee des Motorwagens in viele Länder gebracht; es war klar, daß nun eine Vielzahl von begabten Ingenieuren und zukunftsorientierten Unternehmern für den Siegeszug des Automobils sorgen würden.
Am schnellsten reagierten, wie bereits erwähnt, die Franzosen.
Panhard & Levassor bewältigten den Schritt von der Kutsche mit Hilfsmotor hin zum Automobil; Armand Peugeot entwickelte in nur zehn Jahren ein ganzes Baukastensystem von verschiedenen Motoren, und am 24. Dezember 1898 verkaufte der 21jährige Louis Renault sein erstes selbstkonstruiertes Automobil für 40 Louisdor an einen Freund seines Vaters. Renault hatte bei diesem Modell zwar noch auf ein 0,75 PS starkes De-Dion-Dreirad zurückgegriffen, hatte aber diese Konstruktion mit einem vierten Rad ausgestattet und zudem noch – als erster Produzent der Welt – den Kettenantrieb durch eine Kardanwelle ersetzt (Abb. Seite 15).
Die Fahrzeuge von Albert Graf de Dion und seinem Kompagnon Georges Bouton galten gegen Ende des vergangenen Jahrhunderts als richtungweisend. 1894 hatten sie den ersten hochtourigen Benzinmotor der Welt (Einzylinder mit 1 PS Leistung bei 1500 U/min) vorgestellt, dazu kam zwei Jahre später die De-Dion-Achse, die über Jahrzehnte hinweg als teure, aber wirkungsvolle Achskonstruktion etlichen Hochleistungswagen zu Komfort und Straßenlage verhalf.
Wie rapide die Zahl der Automobilhersteller zunahm, zeigte sich an der Tatsache, daß De Dion & Bouton 1906 ihre Motoren an 140 Automobilhersteller in Europa und in Übersee lieferten – mehr als 3 000 Arbeiter wurden im Werk Puteaux

Links: 1894 hatte die Firma Peugeot den Typ »Break« vorgestellt – er bot Platz für fünf Personen, und der 1,7-Liter-Zweizylinder-Motor (4 PS) brachte die Höchstgeschwindigkeit von 18 km/h.

Rechts: Als ob es keinen Fahrer gäbe: Der Rochet-Schneider von 1908 ist das erste Fahrzeug, das als »Innenlenker« angeboten wurde. Fahrer und Beifahrer saßen im Trockenen, für den Vortrieb sorgte ein 2,5-Liter-Vierzylinder mit 16 PS Leistung; die Höchstgeschwindigkeit lag bei etwa 65 km/h.

Jubelfest im Jugendstil: 1906 wurde in Rüsselsheim als tausendster Opel-Wagen ein Modell »Tonneau« montiert. Die Siegesgöttin Victoria machte auf diesem Plakat dafür Werbung.

Percy Riley, der Sohn eines Fahrradindustriellen aus Coventry, begann 1897 damit, aus Fahrradteilen sein erstes Automobil zusammenzubauen. 1908 war er seiner Zeit weit voraus. So montierte er zum Beispiel als erster abnehmbare Speichenräder.

beschäftigt, und 1910 montierte man bereits den ersten Achtzylinder (der bei der Kundschaft allerdings nicht so gut ankam).
Louis Renault hatte einen Blitzstart: Er gründete zusammen mit seinen Brüdern Marcel und Fernand in Billancourt die »Societé Renault Frères« und verkaufte 1899 bereits 80 Autos – darunter den ersten geschlossenen Pkw. Im Jahr 1900 gewannen Louis und Marcel ihre ersten Rennen, 1902 sorgte ein 32-PS-Vierzylinder für den Sieg beim Rennen Paris – Wien, 1906 wurde mit einem 13-Liter-Vierzylinder der erste Grand Prix der Geschichte gewonnen, und 1913 wurden bereits 11000 Automobile gebaut und verkauft.
Die Zahl der Autofirmen stieg immer weiter an: Viele sind mittlerweile wieder in Vergessenheit geraten – wer kennt noch die englische Firma Alldays, die von 1898 bis 1918 bestand? Oder den Franzosen Amédée Bollée, der von 1885 bis 1922 an den Sieg des Dampfwagens glaubte – und dann seine Fabrik schließen mußte. Der Amerikaner Baker hingegen setzte auf den Elektrowagen, ab 1899 verkaufte er seine – knapp 35 km/h schnellen – Modelle; 1916 mußte er die Produktion einstellen. Der Verbrennungsmotor war schneller, leichter, sparsamer. Die amerikanische Firma Columbia baute ab 1897 ebenfalls Elektrofahrzeuge, erkannte dann aber 1907, daß der Siegeszug des Verbrennungsmotors wohl nicht mehr aufzuhalten sein würde – trotzdem mußte auch sie 1913 die Pforten schließen.
Im Laufe der Jahre wurden die Automobile komfortabler: Daran war zum großen Teil der irische Tierarzt John Boyd Dunlop schuld, dem 1888 das Patent für einen mit Luft aufzupumpenden Reifen erteilt wurde. Einen solchen hatte zwar 1844 bereits der Schotte Robert W. Thompson erfunden, aber erstens kannte niemand dessen Schriften, und zweitens gab es damals noch keinerlei Bedarf für einen Luftreifen auf einer Radfelge. 1895 tauchte der »Dunlop«-Reifen an einem Panhard & Levassor-Wagen zum ersten Mal auf. Im gleichen Jahr starteten die Brüder Andrée und Edouard Michelin mit derartigen Pneus auf ihrem Peugeot beim Rennen Paris – Bordeaux – Paris. Die Konkurrenz betrachtete die Weiterentwicklung der Brüder mit Wohlwollen, es wurden etliche Bestellungen erteilt, und daraus entstand dann eine Reifenfirma von Weltgeltung, die bis zum heutigen Tag produziert.
Es waren Gründerzeiten: Wer bei einer der vielen Zuverlässigkeitsfahrten Erfolg hatte, durfte auch schon mit den ersten Bestellungen rechnen. Nur allzuoft waren diese Produzenten aber in Wirklichkeit nur bessere Bastler, ohne finanziellen Rückhalt und ohne Organisationsvermögen, die der Aufbau einer Fabrikation erfordert. So be-

Die Modelle des Hauses Rover wurden rasch erwachsen: Hier ein 20-HP-Fahrzeug aus dem Jahr 1907.

Eine historische Rarität: Thomas A. Edison zusammen mit seiner Frau auf dem wahrscheinlich ersten Elektro-Automobil der Welt. Im Hintergrund das Laboratorium von Edison in Llewellyn-Park.

gann auch bald das Zeitalter der Fusionen, der Pleiten.
Weil die Anforderungen des Publikums immer größer wurden, kamen Bastler immer seltener zum Zuge – 1896 hatte Daimler den ersten Vierzylindermotor gebaut, der bei Panhard & Levassor zum Einsatz kam. Im »Phoenix-Wagen« von 1899 kam dann dieser 1,8-Liter-Motor mit 6 PS Leistung ebenfalls zur Montage. Da bei der Kundschaft der Ruf nach mehr Leistung erscholl (und daran hat sich bis heute wenig geändert), konnten sich die Hersteller nur noch mit der drastischen Vergrößerung des Hubraums behelfen. Die »normalen« Vierzylinder besaßen zwischen drei und fünf Liter Hubraum, Sport- und Luxuswagen hingegen konnten durchaus acht, zehn oder zwölf Liter Hubraum haben – aus vier Zylindern natürlich! So leistete der Benz-Wagen, der von 1907 bis 1908 gebaut wurden, aus 9850 ccm bei 1300 U/min seine 70 PS – und der Preis dafür betrug 30000 Mark, ein Vermögen für damalige Verhältnisse.
Die Erfindungen folgten Schlag auf Schlag: 1897 stellte F.W. Lanchester das erste Automobil mit einem Zweigang-Planetengetriebe vor, Mors in Paris zeigte seinen mit Luft und Wasser gekühlten Vierzylindermotor in V-Form und einem Bauwinkel von 45°, und die Firma Gräf & Stift in Wien (die dadurch traurige Berühmtheit erlangte, daß in einem der Fahrzeuge dieses Hauses im Jahr 1914 der Thronfolger Franz Ferdinand in Sarajevo ermordet wurde) baute auf der Basis einer De-Dion-Voiturette das erste Automobil mit Frontantrieb.
1898 kam von Decauville das erste Fahrzeug mit einzeln aufgehängten Vorderrädern – trotzdem mußte 1910 die Produktion wieder eingestellt

Als das Automobil begann, die Welt zu erobern, hatte es noch gegen andere Systeme zu kämpfen – gegen die Dampfwagen beispielsweise. Der hier abgebildete Stanley Steamer von 1909 leistete 30 PS, kostete 850 Dollar und hatte einen Wasservorrat von etwa 100 Liter, der etwa 70 Kilometer weit reichte.

Der Mann, der das Fließband in die Automobil-Produktion einbrachte: Henry Ford I am Steuer eines A-Modells. Er begründete sein Imperium 1903 mit einem Startkapital von 28000 Dollar und 40 Beschäftigten.

werden. 1899 stellte Amédée Bollée den ersten Monobloc vor, den ersten Vierzylinder, bei dem ein gemeinsamer Zylinderblock alle vier Zylinder umschloß. Zwar nicht der erste Vierzylindermotor überhaupt (schließlich hatte Gottlieb Daimler schon 1896 einen Motor dieser Art für Panhard & Levassor entwickelt), war die Konstruktion von Bollée jedoch zukunftsweisend, da mit der Zusammenfassung der einzelnen Zylinder in einem gemeinsamen Motorblock die Massenproduktion künftiger Jahre entscheidend erleichtert wurde.

Weitere Neuigkeiten: Hiram Maxim und James Ward Packard in den USA montierten bei ihren Modellen erstmals eine automatische Zündverstellung, die das permanente Nachregulieren mit dem Handgaszug überflüssig machte. Die Öl- und Kerosin-Lampen, die bisher bei Nacht nur ein trübes Licht abgaben, wurden ab dem Jahr 1900 durch Azetylen-Lampen ersetzt.

1901 hatten die »Mercedes«-Typen, die nach dem Tod von Daimler nun unter Maybachs Regie entstanden, erstmals Drosselklappen zur Regulierung der Drehzahl, dazu zwei seitlich liegende Nockenwellen zur Steuerung der Ventile und eine Kulissenschaltung, bei der der Fahrer genau erkennen konnte, wohin der Ganghebel bei einem Wechsel zu führen war.

1902 schließlich führte Robert Bosch, dem der spätere Bundespräsident Theodor Heuss eine bemerkenswerte Biographie mit dem Titel »Robert Bosch – Leben und Leistung« widmen sollte, die Hochspannungs-Magnetzündung ein.

Immer mehr Details wurden entwickelt; das Auto erlebte jedes Jahr neue Metamorphosen – es war nun dabei, seine endgültige Form anzunehmen.

1904 begann eine weitere Legende: Der erste Rolls-Royce – mit einem 10-PS-Zweizylindermotor – wurde bis 1906 in 16 Exemplaren gebaut. Drei davon existieren noch heute.

Automobile allüberall

Werbung Anfang der 20er Jahre: Nur wenig später werden sich die Firmen Daimler und Benz zusammenschließen.

Keine Frage, dem Automobil stand eine glänzende Zukunft bevor – die Firma C.G.V. in Paris zum Beispiel baute den ersten Reihen-Achtzylinder-Motor, indem sie einfach zwei Vierzylinder hintereinander montierte, und die ebenfalls in Paris ansässige Firma Truffault machte sich durch die Einführung des Reibungs-Stoßdämpfers um den Komfort der Passagiere verdient. F.W. Lanchester ließ sich die Scheibenbremse patentieren (die allerdings erst in den 50er Jahren ihren Siegeszug antrat), und die Firma Maudslay beschloß, die Nockenwelle nach oben zu verlegen (ohc) und die Druckschmierung einzuführen.

Nachdem sich die Pneus der Brüder Michelin immer weiter durchsetzten (und etliche Konkurrenzunternehmen auf den Plan gerufen hatten), war zwar der Komfort-Gewinn unbestreitbar, der Pneu-Wechsel als solcher jedoch ziemlich lästig, bis im Jahr 1905 die abnehmbare und auswechselbare Felge den Ärger etwas reduzierte. 1908 kam dann die berühmte Rudge-Felge mit Zentralverschluß auf den Markt, die über Jahrzehnte hinweg das Optimum an Komfort bot. Das heute noch übliche Scheibenrad, mit Bolzen befestigt, wurde 1910 von der Sankey Company entwickelt. Zu dieser Zeit hatte sich auch Mister Herbert Frood aus Chapel-en-le-Frith neuartige Bremsbeläge ausgedacht, die unter dem Namenszeichen »Ferodo« die bis dahin gebräuchlichen Beläge aus Leder, Holz, Preßfasern oder Kamelhaargewebe durch seine Konstruktion aus geklebtem oder gewebtem Asbest ersetzten. Einige Produzenten hatten auch mit Metallplatten auf einer Metallunterlage gebremst, aber die Ferodo-Beläge zeigten sich allen Vergleichen gewachsen.

Nachdem die Firma Ader, die von 1900 bis 1907 in Paris existierte, im Jahr 1903 den ersten Achtzylinder-V-Motor vorgestellt hatte – der allerdings nur in kleinsten Stückzahlen produziert wurde –, war der Weg zum mehrzylindrigen Motor nicht mehr aufzuhalten. Napier in Großbritannien brachte 1904 einen 5-Liter-Reihen-Sechszylinder mit 40 PS Leistung auf den Markt – den ersten Großserienmotor dieser Art. Montague Napier, der ab 1896 – zuerst mit umgebauten Panhard & Levassor-Modellen – eine eigene Produktion begann, galt bis 1924 neben Rolls-Royce als edelster Hersteller Englands; vor dem Ersten Weltkrieg bot er die größte Typenvielfalt, seine Modellpalette umfaßte Modelle von 1,5 bis 15 Li-

Obwohl Vincenzo Lancia – der seine Karriere als Versuchsfahrer bei Fiat begonnen hatte – sein erstes eigenständiges Modell für ALFA baute, begann er rasch, seine eigenen Fahrzeuge zu konstruieren. Hier ein Epsilon 20–30 HP aus dem Jahr 1911 mit einem 4-Liter-Vierzylinder-Motor und 60 PS Leistung. 351 Exemplare dieses Typs wurden gebaut.

ter Hubraum. Nach 1924 stellte Napier dann nur noch Flugzeugmotoren her, die allerdings noch zuweilen Weltrekord-Fahrzeuge antreiben durften – so fuhr der Brite John R. Cobb am 16.9.1947 auf dem Salzsee in Utah mit seinem »Railton Mobil Special« 633,803 km/h schnell. Und dieser »Railton Special« war von zwei Napier-»Lion«-Flugmotoren angetrieben.

In England gab es aber noch mehr Pioniere: Percy Riley beispielsweise. Der Sohn eines Fahrradindustriellen aus Coventry bastelte 1897 aus Teilen der väterlichen Produktion und einem De-Dion-Einzylindermotor ein erstes Wägelchen zusammen. 1903 hatte er bereits einen (wahlweise) mit Luft oder Wasser zu kühlenden V2-Zylinder mit 517 ccm im Programm, und 1906 lieferte er als erster Hersteller der Welt serienmäßig die gerade erfundenen abnehmbaren Speichenräder. Nach dem Ersten Weltkrieg baute er den »Riley 11«, einen 1,5-Liter-Kleinwagen (für damalige Verhältnisse waren 1,5 Liter Hubraum kaum der Rede wert) mit 35 PS Leistung, der neben seinen Leichtmetallkolben das Publikum besonders dadurch begeisterte, daß nur noch sechs Schmierstellen zu betätigen waren.

Die Konstrukteure dieser Pionierzeit wagten sich an nahezu jede Aufgabe: 1905 stellte der belgische Produzent Pipe den ersten Motor mit zwei obenliegenden Nockenwellen vor; Rover in Coventry – von dem Fahrradproduzenten John Kemp gegründet – ließ sich von dem ehemaligen Daimler-Konstrukteur Edmund Lewis einen 1,3-Liter-Einzylinder entwerfen, der mit einer Nockenwellen-Verstellung (die als Motorbremse gedacht war) und dem Zentralrohr-Rahmen aus Aluminiumguß, der auch den Motor, das Kupplungsgehäuse und das Getriebe aufnahm, ausgestattet war. Zwar wurde dieser Zentralrohr-Rahmen rasch wieder aus der Produktion genommen und gegen ein konventionelles Fahrgestell ausgetauscht, der Weg war jedoch gezeigt.

In diesen Jahren wurde auch eine weitere Legende geboren: Die Herren Charles Stewart Rolls und Frederick Henry Royce beschlossen, den von Royce entworfenen 1,8-Liter-Zweizylinder mit

Louis Renault hatte sich bereits zu einem bedeutenden Automobilproduzenten entwickelt, als 1911 dieses »Torpedo«-Modell gebaut wurde. Zu dieser Zeit produzierte Renault bereits Zwei-, Vier- und Sechszylinder-Modelle.

Das Peugeot-Karosseriewerk von 1906 zeigt deutlich, wie sehr der Automobilbau um die Jahrhundertwende noch dem Kutschenbau verwandt war.

10 PS Leistung gemeinsam an den Mann zu bringen. (Abb. Seite 29) Da Rolls die richtigen Leute kannte und Royce hervorragende Autos baute, fing das Geschäft problemlos an; zwei Jahre später kam dann der »Silver Ghost« (7-Liter-Sechszylinder mit 50 PS Leistung) auf den Markt, der den bis heute währenden Ruf des Hauses begründete. (Abb. Seite 37). Er war nahezu unverwüstlich; der heute in RR-Besitz befindliche Wagen mit der Fahrgestell-Nr. 60551 hat mittlerweile weit über eine Million Kilometer zurückgelegt und macht noch immer PR für die Firma. Rolls, der eine große Schwäche für die Fliegerei hatte, kam 1910 bei einem Flugzeugunglück ums Leben – die Firma im englischen Crewe besteht jedoch bis heute und baut noch immer »das beste Automobil der Welt«, so jedenfalls die Firmenmeinung. Die Legende, das RR-Emblem im Kühlergrill sei nach dem Tod von Charles Stewart Rolls aus Gründen der Trauer vom kräftigen Rot in ein dezentes Schwarz eingetauscht worden, ist übrigens falsch – Rolls hatte die Entscheidung bereits einige Tage vor seinem Tod getroffen; es war eine ästhetische Entscheidung: Einige Kunden hatten sich beschwert, daß das rote Emblem nicht zu ihrer Autofarbe passen würde.

1906 baute Daimler an einem Mercedes-Modell erstmals probeweise Vorderradbremsen ein. Der Name Mercedes kam von der Tochter des Österreichers Emil Jellinek, eines erfolgreichen Geschäftsmannes, der an der Côte d'Azur lebte und dort mit Begeisterung an Autorennen teilnahm. Er hatte um die Jahrhundertwende – wohl wissend, was Wilhelm Maybach in seinen Skizzen bereits entworfen hatte – 36 Fahrzeuge bei der Daimler-Motoren-Gesellschaft bestellt; das war

ein Viertel der Jahresproduktion, und die 550 000 Goldmark Kaufpreis wurden prompt überwiesen. Bedingung war jedoch, daß die Fahrzeuge den Namen von Jellineks ältester Tochter Mercedes tragen sollten.
Natürlich kam man dem Wunsch eines solchen Kunden gerne nach, und da die 1893 in England gegründete »Daimler Motor Syndicate Ltd.« ebenfalls das Recht hatte, den Namen Daimler zu tragen, war man in Stuttgart nicht unfroh, eine neue Abgrenzung gegenüber den Engländern zu haben. So wurde 1902 die Wortmarke »Mercedes« gesetzlich geschützt, und ein Jahr später bekam Emil Jellinek von der Wiener Statthalterei per Dekret die Genehmigung, sich fortan Jellinek-Mercedes zu nennen. Sein Kommentar dazu: »Wohl zum ersten Mal trägt ein Vater den Namen seiner Tochter.«
Die Firma Chadwick aus Pittsburgh in den USA machte sich im Jahr 1907 daran, einen Wagen mit mechanischer Aufladung in Serie zu bauen. Das Prinzip des von den Brüdern Roots erfundenen Kompressors war zwar schon Mitte des vergangenen Jahrhunderts zum Pumpen von Wasser und Getreide verwendet worden; hier sorgte es jedoch erstmals für die zusätzliche Bereitstellung von Sauerstoff, und da mehr Sauerstoff eine bessere Verbrennung und damit auch eine höhere Leistung bedeutet, wurde hier ein neuer Weg beschritten, dem bis zum heutigen Tag noch viele Firmen folgen sollten.
1908 stellte die mittlerweile wieder in Vergessenheit geratene Firma Schebler in den USA den ersten 12-Zylinder-V-Motor vor; außerdem wurde erstmals durch Nutzung der Abgaswärme eine Wagenheizung serienreif gemacht.
1908 war aber auch für die Automobilindustrie der USA ein entscheidendes Jahr: Henry Ford, der 1863 bei Dearborn (Michigan) geborene älteste Sohn eines aus Irland eingewanderten Farmers, stellte mit seinem T-Modell – »Tin Lizzy«, 2,9-Liter-Vierzylinder und 20 PS Leistung – eines der wichtigsten Modelle der Automobil-

Im Jahr 1908 wurde der Grundstein für die größte Automobilfirma der Welt gelegt – eine der Firmen, die ihren Anteil am Erfolg von General Motors hatten (und noch heute haben), ist Cadillac. Benannt nach einem französischen Forscher, der um 1700 die Gegend um Detroit erkundet hatte, erfreuten die Modelle seit 1902 luxusverwöhnte Kunden. Hier ein Wagen von 1908.

Schon früh begannen auch die Juweliere den Reiz des Kühlergrills zu erkennen: Hier ein Verkaufsprospekt von 1914 für Auto-Kühler-Feuerzeuge.

Ob die Firma Cudell & Co. in Aachen um die Jahrhundertwende Automobile baute oder nur mit ihnen handelte, wissen wir heute nicht mehr. Auf jeden Fall machte sie Reklame für Fahrzeuge mit dem Patent De Dion-Bouton. – Der Entwurf stammt von Ferdinand Mifliez (Misti).

William Richard Morris gründete mit 17 Jahren einen Fahrradladen, dann betrieb er die »Oxford-Garage« und baute ab 1910 selber Automobile: Der »Bullnose«-Nickelkühler war seine eigene Schöpfung, die übrigen Teile kamen von Zulieferern.

geschichte vor. 1912 revolutionierte er den Automobilbau durch die Einführung des Fließbands (Abb. Seite 21), das er aus der Nahrungsmittelindustrie übernommen hatte. Bis zum Jahr 1927 baute man die »Lizzy« in einer Stückzahl von über 15 Millionen Exemplaren – erst in den sechziger Jahren wurde dieser Rekord vom VW Käfer eingestellt. Viele Jahre lang gab es den Wagen »in jeder Farbe, vorausgesetzt, sie war schwarz« – so der Originalton von Henry Ford I. Das T-Modell veränderte den Alltag Amerikas: Es wurde das erste, über ganz Amerika reichende Händler-Netz aufgebaut; die meisten der kleinen Hersteller gaben auf, und Ford entwickelte sich zum – mittlerweile – zweitgrößten Automobilhersteller der Welt.

Noch größer ist nur noch General Motors, ebenfalls in Detroit ansässig – und in diesem Jahr 1908, in dem Ford – der seine Firma 1903 gegründet hatte – der Welt das erste Massen-Auto bescherte, schlossen sich die Firmen Buick und Oldsmobile unter der Führung von W. C. Durant zusammen. Durant kaufte ein Jahr später noch

Fiat entwickelte sich rasch zum wichtigsten Produzenten in Italien. Dieser Tipo Zero, der in den Jahren 1912 bis 1915 gebaut wurde, hat bis heute perfekt restauriert im Fiat-Werkmuseum überlebt.

Auf der Suche nach neuen Wegen: Bereits 1910 brachte eine englische Firma dieses Dreirad auf den Markt, dessen leichtgängige Steuerung besonders lobend erwähnt wurde.

Zwei Prominente machen Probefahrt: Th. A. Edsel (l.) und Th. A. Edison im Jahr 1905 mit skeptischer Miene auf einem der ersten Automobile.

Cadillac und Oakland (später wurde dieser Firma der Name Pontiac verliehen) dazu. 1917 schloß sich noch Chevrolet an GM an; 1919 kam die größte Karosseriefabrik der Welt (die Fisher Body Corporation) hinzu. Und auch etliche kleinere Firmen konnten sich dem Sog dieses Riesen nicht entziehen: Die erste außeramerikanische Firma war im Jahr 1925 Vauxhall in England, im März 1929 kam die Adam Opel AG in Rüsselsheim dazu, und heute ist GM der größte Autohersteller der Welt. 1985 wurde übrigens erstmals eine neue Division gegründet: Die Firma Saturn besteht nun als sechstes Mitglied bei GM und soll den Kleinwagen der nächsten Jahrzehnte produzieren.

Durant hatte gut gekauft: Oakland besaß in seinem Designer A. P. Brush einen hervorragenden

1912 glaubte ein englischer Erfinder, mit dieser Karosserieform das Ei des Kolumbus gefunden zu haben. Das Dreirad sollte »seine Insassen besonders gut vor der britischen Witterung schützen« (so der Erfinder) – wie der Ein- und Ausstieg funktionieren sollte, wird aus dem Bild nicht klar.

Mann; Ransom Eli Olds, der 1896 in Lansing (Michigan) die Olds Motor Company gegründet hatte, brachte mit seinem Modell »Curved Dash« von 1901 bis 1905 (Abb. Seite 19) die meistverkaufte Marke Amerikas. Dann war Olds aus der Firma ausgeschieden (um die Firma REO zu gründen – die bis 1936 existierte), und Durant hatte leichtes Spiel, die bankrotte Firma seinem Imperium einzuverleiben. Buick war von dem eingewanderten Schotten David Dunbar Buick gegründet worden, der 1904 das erste Modell – den Buick B – produziert hatte. Die vierte Marke – Cadillac – kam zu ihrem Namen 1903 durch Henry M. Leland, der die »Detroit Automobil Company« nach einem der Gründer von Detroit benannte, dem französischen Einwanderer Antoine de la Morte Cadillac. Leland war anstelle von Henry Ford an die Spitze des Unternehmens berufen worden (woraufhin Ford seine eigene Gesellschaft gründete) und überzeugte die Kundschaft rasch durch seine aufwendig gebauten Qualitätsautos (Abb. Seite 15 und 33).

Cadillac galt schon immer als die Spitzenmarke des Hauses GM, die durch etliche technische Neuerungen versuchte, ihrem Ruf über die Jahre hinweg gerecht zu werden: 1912 wurde hier der erste elektrische Starter eingeführt; 1915 gab es den ersten V8-Zylinder in Großserie, und 1930 wurde einer der aufwendigsten Luxuswagen aller Zeiten vorgestellt, ein 7,4-Liter-V16-Zylinder mit 180 PS Leistung. Bis heute gelten die Cadillacs – neben der Luxusmarke des Hauses Ford: Lincoln – als Inbegriff des »american way of driving«.

Die fünfte Marke des Hauses GM, Chevrolet, kam unter etwas eigenartigen Umständen in den Besitz des Branchen-Riesen: Louis Chevrolet, 1878 in Chaux-de-Fonds (Kanton Neuenburg) geboren, bei de Dion-Bouton zum Kfz-Mechaniker ausgebildet, wanderte 1900 nach Detroit aus, wurde dort Rennfahrer und Tuning-Experte (wie man es heutzutage bezeichnen würde) und gründete 1911 zusammen mit W. C. Durant – der 1910 von den anderen GM-Anteilseignern aus der Firma gedrängt worden war – eine Firma mit seinem Namen. Der erste Chevrolet entstand 1912, der zweite konnte bereits am Erfolg des Ford-T-Modells kratzen (er hatte den Namen »Baby Grand Tourer«); mit den reichlich einlaufenden Gewinnen kaufte Leland die Mehrheit bei GM zurück und vereinigte 1917 Chevrolet mit seinem früheren Imperium. 1920 mußte William Crapo Durant dann ein zweites Mal die Firma verlassen – diesmal ging GM in den Besitz von Pierre du Pont über. Durant versuchte es dann noch ein drittes Mal, und zwar mit der Firma »Durant Motors«, doch auch diese machte 1933 einen grandiosen Bankrott – was »Billy« Durant bis zu seinem Tod im Jahre 1947 nicht daran hinderte, eifrig Pläne für neue Firmen zu schmieden.

Chevrolet war innerhalb von nur wenigen Jahren zum Marktführer in Amerika geworden: Im Jahr

Mit diesem Fahrzeug begann die Rolls-Royce-Legende: Der Silver Ghost, Chassis-Nr. 60551, Baujahr 1907, mit versilberten Metallteilen und einer Aluminium-Karosserie ist seit 1948 wieder im Besitz von RR. Er hat seit seiner Auslieferung weit über eine Million Kilometer zurückgelegt.

Oben: Natürlich beschäftigten sich auch die Musiker mit dem Thema »Automobil«: das Marsch-Intermezzo »Das haben die Mädchen so gerne« aus der Posse »Autoliebchen« von Jean Gilbert, der eigentlich Max Winterfeld hieß und dieses Werk 1912 veröffentlichte.

Unten: Die großen Renault-Modelle – im Bild ein 6 CV aus dem Jahr 1917 – waren die französischen Repräsentations-Limousinen jener Zeit.

1920 wurden bereits 420000 Fahrzeuge verkauft; 1929 kam der als »gußeisernes Wunder« apostrophierte Sechszylinder auf den Markt, der über viele Jahre hinweg das Markenzeichen des Hauses blieb.

Aber nicht nur in den USA ging es rapide bergauf – bei den Italienern sorgte der von Giovanni Agnelli vorangetriebene Konzern Fiat für die Massenmotorisierung. Agnelli vertrat die Meinung, daß besonders die Erfolge bei Rennen die beste Werbung seien – also siegten Felice Nazzaro beim Kaiserpreis-Rennen im Taunus, beim Grand Prix von Frankreich 1907 war ebenfalls Nazzaro in Front. Und der mörderische Grand Prix von 1906, der über 1238,16 Kilometer führte, sah Nazzaro auf Platz zwei und einen gewissen Herrn Vincenzo Lancia auf Platz fünf. Lancia, der als Versuchsfahrer bei Fiat seine Karriere begonnen hatte, machte sich im Herbst des Jahres 1906 mit dem Geld seines Vaters selbständig und sorgte fortan mit soliden und technisch innovativen Automobilen für Aufsehen: »Alpha«, »Beta«, »Gamma«, »Delta« und »Eta« – Lancia benannte seine Modelle streng nach dem griechischen Alphabet. Für die Popularität der Marke (Abb. Seite 31) waren die vielen technischen Neuerungen verantwortlich, die teilweise für den Automobilbau richtungweisend wurden. So war der »Theta« das erste europäische Automobil mit einer serienmäßigen Elektrik (1914); der 1922 eingeführte »Lambda« besaß die erste selbsttragende Karosserie der Welt und eine neuartige, patentierte Vorderrad-Aufhängung.

In diesen Jahren fanden sich viele neue Unternehmer und Ingenieure, die ihren Beitrag zur Motorisierung stellen wollten. Hier einige Firmen, die überlebt haben: Alfa Romeo begann seine Geschichte 1906, als der Montagebetrieb »Anonima Lombarda Fabbrica Automobili« gegründet wurde, der dann später, bei der Übernahme durch den Industriellen und Ingenieur Nicola Romeo im Jahr 1920, den endgültigen Namen Alfa Romeo erhielt. 1899 wurde bereits die Firma Bianchi gegründet, die heute im Fiat-Konzern aufgegangen ist. In Großbritannien gründete im Jahr 1910

Rolls-Royce wußte schon in frühen Jahren, wie man die werte Kundschaft mit dem Gefühl beglücken konnte, daß nur ein Fahrzeug dieses Hauses dem gesellschaftlichen Status angemessen sei; Werbung aus dem Jahr 1909.

H.F.S. Morgan eine Autofabrik – obwohl er eigentlich eine Motorradfabrik haben wollte – und lieferte bis 1950 in nahezu unveränderter Form seinen Three-Wheeler aus (Abb. Seite 63), der damals zu den schnellsten Rennwagen seiner Zeit gehörte. Heute ist der Sohn des Firmengründers, Peter Morgan, Besitzer der Firma, die sich noch immer durch Sportwagen der alten englischen Schule auszeichnet. Das derzeitige Spitzenmodell hat einen 3,5-Liter-Rover-V8-Zylinder mit 157 PS Leistung und schlägt nahezu alle Rekorde, wenn es darum geht, britische Kompromißlosigkeit bei Sportwagen zu beweisen.

Eine weitere überlebende Marke aus der Frühzeit ist die Firma Sunbeam – obwohl sie mittlerweile im französischen PSA-Konzern unterzugehen droht –, die der Wolverhamptoner Ratsherr John Marston 1887 als Fahrradfabrik ins Leben rief. 1901 ließ er von dem Kunstschmied Mabberley Smith einen ersten Wagen zusammenbauen, der

Der Opel 4/8 PS mit dem Beinamen »Doktorwagen« erwarb sich rasch den Ruf legendärer Zuverlässigkeit – der Vierzylinder (1029 ccm Hubraum) kostete 4227,50 Mark.

trotz seiner technischen Eigenarten (je ein angetriebenes Rad rechts und links und je ein gelenktes Rad vorne und hinten) tatsächlich in Serie ging. Groß wurde dieser Produzent aber erst, als er sich 1909 von dem Ingenieur Louis Coatalen (der zuvor für De Dion und Panhard gearbeitet hatte) Autos entwerfen ließ, die in der Hand der Kunden auf Straße und Rennstrecke gleichermaßen Erfolg hatten. Bis in die dreißiger Jahre zählten die Sunbeam-Modelle zu den sicheren Siegern bei Rennen – 1923 hielten Sunbeam-Coatalen-Motoren die Geschwindigkeitsrekorde zu Wasser, zu Lande und in der Luft.

Ein weiterer Bestandteil des PSA-Konzerns, der heute von Peugeot kontrolliert wird, ist die Firma Talbot, die 1904 vom Earl of Shrewsbury and Talbot gegründet wurde, nachdem er 1903 ein erstes Fahrzeug des Franzosen Adolphe Clément unter seinem Namen finanziert hatte. Fortan wurden im Londoner Stadtteil Kensington die 2,7- und 3,8-Liter-Wagen produziert, die unter dem stolzen Namen »Invincible Talbots« (die »unschlagbaren Talbots«) gute Verkaufsergebnisse erzielten. Zwar hieß die Firma Clément-Talbot, das änderte jedoch nicht viel an der Tatsache, daß die Fahrzeuge durch und durch britisch waren. 1919 wurde das Werk dann in den Markenverbund Sunbeam–Talbot–Darracq übernommen, bis 1935 der Brite Tony Lago die Firmen übernahm und unter seinem Namen (»Talbot-Lago«) bis in die Mitte der fünfziger Jahre hochklassige Sport- und Tourenwagen produzierte.

Ein weiterer wichtiger britischer Produzent war Vauxhall, der – wie bereits erwähnt – 1925 in die Hände von General Motors gelangte. Schon vor 1903 war diese Marke von dem schottischen Marine-Ingenieur Alexander Wilson gegründet worden, der sich allerdings zunächst nur mit Dampfmaschinen beschäftigte, bevor er sein erstes Automobil montierte. Wilson hatte das Glück, in Laurence H. Pomeroy einen Konstrukteur zu finden, der nicht nur großes Können besaß, sondern sich auch gut artikulieren konnte. So erwiderte er auf die Behauptungen seines Landsmannes Frederick Lanchester, daß Motordrehzahlen nur bedingt steigerungsfähig seien: »Drehzahlen wiegen und kosten nichts.« Dieser Pomeroy, der 1919 nach Amerika auswanderte und dort für die Nobel-Marke Pierce-Arrow Automobile entwarf, konstruierte für Vauxhall 1907 einen der ersten Sportwagen überhaupt: den 75-PS-»Prince-Henry«-Wagen, der bei Voiturette-Rennen nahezu ungeschlagen blieb. Nach dem Ersten Weltkrieg kam dann noch ein 30/98-PS-Wagen auf den Markt, der ebenfalls auf der Rennstrecke bestechen konnte, die Firma dennoch an den Rand des Ruins trieb – und GM übernahm das Werk.

Wie sah es in Deutschland aus?

Die Firmen Daimler und Benz, die den Auto-Boom ausgelöst hatten, mußten um die Jahrhundertwende starke Rückgänge ihrer Verkaufszahlen hinnehmen. Daran waren zum großen Teil ihre Gründer schuld; in völliger Verkennung der Bedeutung von Werbung vernachlässigten sie Autorennen und überhaupt jegliche Form aktiver Auseinandersetzung mit dem Käufer. Anfänglich war es noch wichtiger gewesen, Feuerwehrpumpen und Bootsmotoren zu verkaufen – und als dann die Franzosen begannen, den Markt mit ihren

Um die Jahrhundertwende, als die Reichweite eines Fahrzeugs noch nicht die Rolle der späteren Jahre spielte, hatten auch Elektro-Fahrzeuge eine Chance: Hier eine Elektrodroschke aus Berlin um 1900.

Mitte: Mit diesem Cadillac – der als erstes Fahrzeug dieser Marke über einen Elektrostarter verfügte – gewann sein Hersteller zum zweitenmal die Dewar-Trophy.

Produkten zu überschwemmen, waren die beiden Herren nicht davon zu überzeugen, daß nur die Teilnahme an Rennen jenen technischen Fortschritt demonstrieren könne, den die Kundschaft so schätzt. Noch 1901 verkündete Carl Benz: »Diese seit neuem immer weiter um sich greifende Leidenschaft, andere im Geschwindigkeitswettstreit zu überbieten, um sich schließlich noch mit schnellen Eisenbahnzügen zu messen, gefährdet nicht nur mit Mutwillen das Leben der Fahrer, sondern auch das der übrigen Verkehrsteilnehmer«, und er fügte hinzu: »Anstatt an Rennen teilzunehmen, die keinen Gewinn an Erfahrung bringen, sondern vielmehr nur Schäden anrichten, werden wir weiterhin Wert legen auf die Herstellung solider und zuverlässiger Tourenwagen.«

Zum Glück der beiden Firmen gab es auch andere Meinungen: Die Söhne Eugen und Richard Benz sorgten dafür, daß immer wieder präparierte Fahrzeuge die Hallen verließen, und der bereits erwähnte Österreicher Emil Jellinek zwang Daimler geradezu, sportliche Wagen anzubieten.

Natürlich gab es in Deutschland auch andere Marken – zum Beispiel Opel. Bereits 1862 war der Name aufgetaucht, als Adam Opel, der Sohn eines Rüsselsheimer Schlossermeisters, in einem ausgedienten Kuhstall damit begann, Nähmaschinen zu produzieren. Die fünf Söhne des Hauses, die sich auch als aktive Fahrradfahrer hervortaten, erweiterten die Produktion auf Fahrräder. Im Jahr 1897 übernahmen sie dann den großherzoglich-anhaltischen Hofwagenbau-Betrieb von Friedrich Lutzmann, in dem ein Jahr später der erste Opel-Patent-Motorwagen, System Lutzmann, entstand. Das war allerdings noch das ausschließliche Verdienst von Friedrich Lutzmann, der schon 1893 seinen ersten 5-PS-Einzylinder – der stark an sein Benz-Vorbild angelehnt war – vorgestellt hatte. Seine Firma in Dessau wurde nun zur Geburtsstätte der Opel-Fahrzeuge, deren Produktion allerdings schnell nach Rüsselsheim abwanderte. Die Opel-Brüder kannten keine Scheu: Bereits 1902 schnitten sie beim »Kaiserpreis« ehrenvoll ab, und die Prinz-

Unten:
Eugène de Diétrich fügte später seiner Marke den Namen »Lorraine« hinzu, da er Patriot war und aus Lothringen stammte. Diese noch sehr vom Kutschenbau inspirierte Limousine entstand 1907.

Im Jahr 1907 erschien auf dem Titel der Zeitschrift »The Sketch Magazine« diese Werbung für Humber Cars, Hersteller hochwertiger britischer Wagen, die von 1898 bis 1970 existierten. In diesem Jahr wurde die Firma von Chrysler übernommen und 1975 dann eingestellt.

Ein weiteres Modell des Hauses de Diétrich: Auf dem Berliner Automobil-Salon wurde dieser »moderne Reisewagen mit Schlaf- und Kocheinrichtung« vorgestellt (vor 1914).

Heinrich-Fahrt des Jahres 1909 wurde von Wilhelm Opel auf einem 8-PS-Wagen gewonnen – gegen eine besonders starke Konkurrenz, die zum größten Teil mit Spezialwagen angetreten war. Obwohl im August 1911 ein Großbrand praktisch die gesamten Fabrikationsanlagen zerstörte, konnte in diesem Jahr bereits der zehntausendste Opel-Wagen ausgeliefert werden.
Einen großen Teil der Opel-Popularität errang der Fahrer Carl Jörns, der auf stets weißen Wagen viele Rennen für die Rüsselsheimer gewann. Der Opel-»Doktorwagen« (Abb. Seite 40) erwarb sich den Ruf großer Zuverlässigkeit, die Stückzahlen stiegen ständig an, 1912 baute Opel bereits über 3000 Fahrzeuge, 1913 war Opel dann der größte Hersteller des Deutschen Reichs. Nach dem Ersten Weltkrieg kam der 12 PS starke »Laubfrosch« (Abb. Seite 64), dessen Leistung auf 14 PS anwuchs und der den Serienbau in Deutschland einleitete. Doch auch die Raketenrekorde, die Fritz von Opel (die Familie war vor dem Ersten Weltkrieg noch geadelt worden) auf der Berliner Avus fuhr, konnten den Zusammenbruch der Firma nicht aufhalten. Bei der Weltwirtschaftskrise 1929 ging die Adam Opel AG in den Besitz von GM über – und GM sorgte dann mit seiner Finanzkraft dafür, daß Opel in den dreißiger Jahren zum größten europäischen Automobilhersteller wurde.
Hans-Heinrich von Fersen, einer der besten Kenner der Frühzeit des deutschen Automobils, verzeichnet in seinem Buch »Autos in Deutschland 1885 – 1920« nicht weniger als 64 verschiedene Hersteller, von denen ganze acht bis heute (teilweise in Fusionen) überlebt haben: Audi, Benz, Daimler, Dixi (als BMW), NSU (mittlerweile bei Audi aus dem Firmennamen gestrichen), Opel, Puch (als Firma in Österreich) und Westfalia (nun nur noch als Wohnwagenproduzent im Geschäft).
Unter den Marken, die im deutschsprachigen Raum seit dieser Zeit wieder aufgeben mußten, waren so klangvolle Namen wie: Adler, Austro-Daimler, Brennabor, Bugatti, Darracq, Delahaye, Deutz, Dürkopp, Dux, Gräf & Stift, Hansa, Horch, Laurin & Klement, Lloyd, Loreley, Mathis, NAG, NAW, Presto, Protos, RAF (das bedeutete damals noch Reichenberger Automobil Fabrik), Rex-Simplex, Standard, Stoewer, Taunus, Victoria, Wanderer, Wartburg (diese Marke wird heute noch in der DDR produziert) und Windhoff.
Viele dieser Firmen haben Automobil-Geschichte geschrieben: So stellte Heinrich Kleyer, der 1886 die Adler-Fahrradwerke in Frankfurt gegründet hatte, bereits im Jahr 1900 die ersten Fahrzeuge mit Kardan-Antrieb vor – der nur ein Jahr zuvor von Louis Renault erstmals präsentiert worden war. Adler war auch die erste Firma Deutschlands, die ihre Motoren nach vorne gesetzt hatte.

Das Automobil revolutionieren wollte ein österreichischer Erfinder 1914 mit diesem zweirädrigen Gefährt, dessen kleine mittleren Räder nur im Ruhezustand als Stütze dienen sollten. Wenn sich das Fahrzeug in Bewegung setzte, gingen sie automatisch in die Höhe.

Bildunterschrift vom 23. Februar 1914: Die einst so beliebten Pferdedroschken verschwinden immer mehr; demnächst sollen wieder 500 halbinvalide Exemplare entstempelt werden, um 50 flinken Kraftwagen Platz zu machen. In diesen Tagen wurde dafür die 10000. Berliner Motor-Droschke abgenommen – ein schmuckes Elektroauto.

So sahen die ersten Tankstellen aus: Hier eine Dapolin-Niederlassung in Dinslaken.

Die Firma Brennabor litt etwas darunter, daß der Großteil des Umsatzes mit Kinderwagen gemacht wurde – der Volksmund drückte das dann folgendermaßen aus: »Nimm viel Draht und Eisenrohr, fertig ist der Brennabor.« Trotzdem stellten die Brüder Carl, Hermann und Adolf Reichstein in Brandenburg an der Havel gute Kleinwagen her, die – wie beispielsweise beim Typ M 3 – äußerst forschrittlich waren: Nur wenige andere Hersteller konnten im Jahr 1914 aus einem 1,4-Liter-Vierzylinder 16 PS bei 2100 U/min hervorbringen.

Ein anderer Mann, der bis heute als einer der größten Konstrukteure aller Zeiten gefeiert wird, war Ettore Bugatti. Der Sohn eines Mailänder Künstlers und Exzentrikers par excellence hatte bis 1909 als Chefkonstrukteur bei der Gasmotorenfabrik Deutz gearbeitet, um sich dann in Molsheim bei Straßburg selbständig zu machen. Im Jahr 1910 begann die Produktion mit ganzen fünf Automobilen, und rasch überzeugte »Le Patron«, wie der Künstler aus Molsheim bald genannt wurde, die Kundschaft von seinen außergewöhnlichen Fähigkeiten. Schon 1911 wurde einer seiner 1,4-Liter-Vierzylinder (15 PS Leistung) hinter Hémery auf einem 10-Liter-Fiat beim Großen Preis von Frankreich Zweiter. Obwohl die Fahrzeuge von Ettore Bugatti in Deutschland nie die Begeisterung auslösten, wie bei den Franzosen und Engländern – die bis heute verrückt nach den Autos des »Magiers aus Molsheim« sind –, sorgte Bugatti für viele Anstöße, die auch andere Produzenten begriffen. So brachte er beispielsweise im Sommer 1914 den Typ 22 heraus, der bereits über zwei Einlaß- und zwei Auslaßventile verfügte – man sieht, auch die Vier-Ventil-Technik ist schon einige Jahre alt.

Baron Eugène de Diétrich war ein weiterer Pionier, der 1896 von Amédée Bollée die Patente für den Bau kleiner Fahrzeuge übernommen hatte. Nachdem er gegen 1900 feststellen mußte, daß seine Wagen technisch nicht mehr ganz auf dem laufenden waren, entdeckte er 1901 in Mailand den jungen Ettore Bugatti, der dann von 1902 bis 1904 erste Kostproben seines Könnens unter dem Namen de Diétrich-Bugatti zum besten gab. Obwohl sich diese Wagen durch ungewöhnliche technische Details auszeichneten, gab de Diétrich die Produktion rasch wieder auf – seine weniger ausgefallenen, klassischeren Modelle der späteren Jahre besaßen bis zur Produktionseinstellung 1934 einen ausgezeichneten Ruf (Abb. Seite 41 und Seite 43).

Die österreichische Firma Gräf & Stift, die von den Brüdern Karl, Franz und Heinrich Gräf in

Fünf Jahre Garantie für jeden Wagen: Ford-Werbung aus den 20er Jahren, in der auch stolz darauf hingewiesen wurde, daß »sämtliche Ersatzteile sofort lieferbar« seien.

Nicht selten wurde das Benzin so zu den Tankstellen gebracht: Ein Pferdewagen von Dapolin, der mittlerweile im Deutschen Museum in München zu besichtigen ist.

den neunziger Jahren des vergangenen Jahrhunderts mit Willy Stift zusammen gegründet wurde, überraschte bereits im Jahr 1895 mit der Gräf Voiturette 3,5 PS, deren De-Dion-Einzylinder-Motor die Vorderachse antrieb. Für diesen Antrieb wurden kurze Kardanwellen verwendet, die ihren Antrieb über ein Differential erhielten. Es wurde zwar nur ein Wagen montiert, der lief allerdings bis zum Jahr 1914; er steht bis zum heutigen Tag im Technischen Museum in Wien und ist noch immer fahrbereit.

Auch August Horch gehört zu den wichtigsten Pionieren der deutschen Automobilindustrie – er war 1896 zu Carl Benz gekommen, hatte aber bereits drei Jahre später gekündigt, da er mit den zurückhaltenden Entwicklungen dieses Hauses nichts mehr zu tun haben wollte. Also gründete er im Jahr 1899 die Firma Horch & Co., die zuerst in Köln und später in Zwickau für eine große Palette hervorragender Automobile sorgte. Bereits 1906 beispielsweise führte er erstmals ein Vierganggetriebe anstelle des bis dahin üblichen Dreiganggetriebes ein. Später mußte August Horch das von ihm gegründete Unternehmen verlassen und gründete 1909 die Firma Audi. Auch in den USA waren viele kluge Köpfe damit beschäftigt, das Automobil mit immer besseren Entwicklungen angenehmer und zuverlässiger zu machen. So demonstrierte Ford 1908 an seinem T-Modell erstmals eine Zündanlage, die mit Zündspule und Verteiler arbeitete, und die Firma Schebler zeigte in demselben Jahr den ersten Zwölfzylinder-Motor in V-Form.

Zur gleichen Zeit dachte ein kluger Kopf – wir wissen nicht einmal, wie er hieß – darüber nach, wie die Wärme-Energie, die durch den Auspuff nutzlos ins Freie verpuffte, für die Heizung des Innenraums genutzt werden könnte. Das Ergebnis war die erste Automobil-Innenraumheizung. 1912 schließlich lieferte Cadillac erstmals serienmäßig einen elektrischen Anlasser und eine elektrische Heizung.

Viele Detaillösungen, die uns heute von den Produzenten als »neueste Lösung zur Bewältigung anstehender Probleme« verkauft werden, sind schon seit langem bekannt. Zum Teil waren sie von kleinen Firmen entwickelt worden, die rasch zahlungsunfähig wurden und deren Wissen die etablierten Firmen nicht beachtet hatten; teilweise wurden sie aber auch in Notzeiten – in Kriegszeiten – geboren, und so war auch der Erste Weltkrieg der Vater vieler Ideen.

18

Rennen für starke Männer

Mit dieser Konstruktion begann die Mercedes-Ära: Der Vierzylinder-Motor mit 5,9 Liter Hubraum leistete bei 950 U/min 35 PS und ermöglichte eine Höchstgeschwindigkeit von etwa 72 km/h. Das war für diese Zeit – man schrieb das Jahr 1901 – eine erstaunliche Leistung.

Ein Carl Benz oder ein Gottlieb Daimler wäre niemals auf den Gedanken gekommen, daß ihre Gefährte – mit denen sie die Menschheit von Pferdedroschken und sonstigen nur unvollkommenen Transport- und Fortbewegungsmöglichkeiten befreien wollten – zum Zwecke von Rennen eingesetzt werden sollten.
Sie standen den Vergleichs- und Zuverlässigkeitsfahrten genauso kritisch gegenüber wie den schlichten Rennen, bei denen es nur auf Vollgas ankam. Was Carl Benz noch 1901 zu diesem Thema zu sagen hatte, war bereits im vorigen Kapitel zu lesen – und dennoch: Er stand schon auf verlorenem Posten. Dafür hatten einmal mehr die Franzosen gesorgt, die bei der ersten Fern- und Zuverlässigkeitsfahrt am 22. Juli 1894 – von Paris über Rouen wieder zurück nach Paris – die Begeisterung für Wettbewerbe dieser Art geweckt hatten.
Sie wußten, daß der Großteil der Menschheit den Wettbewerb – egal auf welchem Gebiet – als essentiellen Bestandteil ihres Lebens akzeptiert hatte. Und diese Autos boten ja durchaus etwas: Da waren keine Brieftauben oder Rennpferde am Start, auf deren Siegeschancen man ohnehin keinen Einfluß hatte, sondern Automobile mit Fahrern, die zwar auch zuweilen technischen Schwierigkeiten unterlagen – aber es waren Menschen am Volant, und es kristallisierten sich auch bald die Marken heraus, die stets für Siege gut waren.
Die Häuser Daimler und Benz waren, obwohl es die Gründer nicht wollten, von Anfang an dabei: An diesem 22. Juli 1894 gewann mit Emile Levassor ein Mann, dessen Wagen so stark auf der Basis Daimlerscher Gedanken (und mit der Hilfe seiner Patente) aufgebaut worden war, daß man – auch in Frankreich – schlicht akzeptierte, daß eigentlich ein Fahrzeug des Herrn Gottlieb Daimler gewonnen hatte. Natürlich wirkte dieser Sieg in Deutschland nicht verkaufsfördernd, in Frankreich jedoch trug er entscheidend zum Aufstieg des Hauses Panhard & Levassor – und zum Anstieg der Lizenzgebühren – bei.

Linke Seite: Die Rennwagen vor dem Ersten Weltkrieg besaßen nur Leistung – das Fahrwerk war ein Witz, Bremsen gab es praktisch keine, und Komfort war nicht vorgesehen.
Hier ein Austin 100 HP Grand Prix Car von 1908.

So skurrile Motoren gab es nie wieder: Jules Goux am Steuer des 2,8-Liter-Peugeot-Rennwagens, der seine Kraft aus zwei Zylindern bezog (Bohrung × Hub: 80 × 280 mm!).

Emile Levassor war ein Mann von erstaunlicher Weitsicht: Er hatte nicht nur das Automobil als Verkehrsmittel der Zukunft erkannt, er war sich auch über die Werbewirksamkeit dieser Wettbewerbe im klaren. Und so war es dann kein Wunder, daß Frankreichs Wände bald mit Plakaten des Hauses Panhard & Levassor überzogen waren, mit denen auf den direkten Zusammenhang zwischen Rennsport und Serienproduktion hingewiesen wurde.

Genauso klar war auch, daß die Konkurrenz bei den immer zahlreicher werdenden Wettbewerben ebenfalls Erfolge einheimste, die nahezu eine Inflation an Siegen zur Folge hatten. Sehr wichtig für die Kundschaft war die Tatsache, daß es sich um absolut serienmäßige Wagen handelte – noch dachte niemand daran, »Renn«-Wagen zu bauen. Der ursprüngliche Sinn des Wettbewerbs, mit dem Produkt, das der Kunde kaufen sollte, Alltagstauglichkeit auch unter erschwerten Bedingungen zu demonstrieren, wurde in diesen Tagen noch erfüllt. Die Fahrer waren Mechaniker, die die Firmenbesitzer als routiniert genug einschätzten und die erst langsam von »Herren«-Fahrern (die sich diesen teuren Sport leisten konnten) und von Profis abgelöst wurden (die zumeist fest bei den Firmen angestellt waren).

Obwohl ein spezielles Rennwagen-Reglement erstmals um die Jahrhundertwende eingeführt wurde, waren die großen Vergleichsfahrten äußerst interessant: Zu diesem Zeitpunkt war noch nicht die Entscheidung zugunsten des Verbrennungsmotors gefallen – es fuhren Dampfwagen gegen Elektroautos, kleine Einzylinder-Wägelchen gegen die ersten Zweizylinder. Jeder gegen jeden – und alle gegen die Uhr: Wer die Distanz als Schnellster zurückgelegt hatte, war Sieger.

Das Rennen am 22. Juli 1894 ging über 126 Kilometer – und nachdem bereits zur Weihnachtszeit des Jahres 1893 die Wettbewerbsbedingungen bekanntgegeben worden waren, hatten sich nicht weniger als 102 Besitzer eines »pferdelosen« Wagens zum Start gemeldet. 21 traten an, und ein Panhard & Levassor gewann gemeinsam

Am 26. Januar 1906 erreichte Fred H. Marriott am Strand von Daytona Beach in Florida einen neuen Geschwindigkeits-Weltrekord: Er durchbrach als erster die 200-km/h-Grenze mit einem Schnitt von 205,448 km/h.
Das Besondere bei diesem Versuch: Marriott fuhr einen Stanley Steamer, einen Dampfwagen!

Die Sensation des Jahres 1907 war das Rennen von Peking durch Sibirien bis Paris: Hier Fürst Borghese am Steuer eines 40-PS-Itala-Rennwagens. Der Fürst gewann dieses wahrscheinlich schwerste aller Rennen, das knapp drei Monate dauerte. Die Aufnahme wurde bei einem Zwischenhalt in Königsberg gemacht. Der Beifahrer ist der Journalist Luigi Barzini.

mit einem Peugeot – der ebenfalls mit einem Daimler-Motor ausgestattet war.
Das erste Rennen auf deutschem Boden fand am 24. Mai 1898 in Berlin statt, als sich 13 Gefährte dazu einfanden, eine 54 Kilometer lange Strecke von der Reichshauptstadt nach Potsdam und zurück in Angriff zu nehmen. Obwohl ein Humber-Dreirad siegte, wurde es ein denkwürdiges Datum, denn an diesem Tag trafen erstmals ein Daimler und ein Benz bei einem Rennen aufeinander – und die Durchschnittsgeschwindigkeit des Daimlers ist überliefert: 23,6 km/h.

Deutschland blieb jedoch noch längere Zeit Rennsport-Provinz: In Frankreich lockten die großen Fernfahrten, von Paris nach Bordeaux und zurück beispielsweise, über 1200 Kilometer und mit einer Durchschnittsgeschwindigkeit von 12 km/h. Die Hochachtung vor diesen 12 km/h wächst beträchtlich, wenn man die fragile Mechanik, die nur bedingt befahrbaren Straßen, die ständig anfallenden Reparaturen und die Feindseligkeit der Landbevölkerung in Betracht zieht. 1898 erreichte der Sieger der Fernfahrt Paris – Amsterdam dann schon einen Schnitt von 43 km/h.
Es blieb einem Amerikaner vorbehalten, das erste Reglement zu entwerfen, das etwas mehr Chancengleichheit für die Teilnehmer bringen sollte. Der Herr hieß Gordon Bennett, er war Zeitungsverleger (und wußte um die Werbung für Blatt und Motorsport) und legte technische Details fest; er bestimmte, daß jeder Wagen komplett aus dem Land stammen müsse, das als Bewerber auftrat, und legte das Trockengewicht im Bereich zwischen 400 und 1000 Kilogramm fest. Und eine weitere Bedingung: Das Land, aus dem der Sieger stammte, hatte die nächste Gordon-Bennett-Fahrt auszurichten.

Neckarsulmer Motorwagen 10/20 PS beim Start im Jahr 1909 – festgehalten von Walter Gotschke.

Ein früher Rennwagen aus den USA: Dieser Buick Racer aus dem Jahr 1910 wurde von dem mittlerweile verstorbenen William Harrah als Schrotthaufen entdeckt und perfekt restauriert.

Im Jahr 1900 gewann Louis Charon auf einem Panhard das Rennen, das von Paris nach Lyon führte, 1901 gewann Girardot ebenfalls auf einem Panhard, und 1902 wurde der Wettbewerb nach England entführt, nachdem S.F. Edge auf einem Napier gewonnen hatte. Im Jahr 1903 tauchte dann das erste Mal der Name Mercedes auf der Siegerliste auf.

Mercedes war die Tochter des Konsuls Jellinek – wir haben von ihm schon gehört: Emil Jellinek (1853 – 1917) war reich, hatte beste Beziehungen und war ein Auto-Narr. Er hatte 1896 in einer Annonce von den Qualitäten des neuen 6 PS starken Doppel-Phaetons des Hauses Daimler gelesen und sofort einen Wagen bestellt. Der in Nizza ansässige Jellinek war zwar von der mechanischen Robustheit beeindruckt, das mangelnde Temperament – nur 25 km/h Spitze – veranlaßte ihn jedoch, einen Brief nach Bad Cannstatt zu schicken, in dem er den Kauf von fünf Wagen in Aussicht stellte, sofern die Modelle 40 km/h erreichen würden. So einen Auftrag wollten sich Daimler und Maybach natürlich nicht entgehen lassen; die abgelieferten Fahrzeuge erreichten 42 km/h, Jellinek war zufrieden und bestellte wieder sechs Wagen unter der Prämisse, daß diese nun über vorne montierte Vierzylindermotoren verfügen müßten. Das war die Geburtsstunde des Daimlerschen Phoenix-Wagens, der viel zum guten Ruf der Marke beitrug.

Mit diesen Phoenix-Wagen erschien Jellinek im März 1899 bei der Rennwoche von Nizza, erreichte einige gute Plazierungen und kündigte daraufhin an, im nächsten Jahr gewinnen zu wollen. Im März des Jahres 1900 stand dann der Daimler-Werkmeister Wilhelm Bauer mit einem 5,5-Liter-Vierzylinder – der bei 800 U/min 28 PS

leistete – am Start zum Bergrennen nach La Turbie. Bauer hatte den immerhin schon 80 km/h schnellen Wagen ausführlich gefahren, verfehlte nach dem Start jedoch bereits die erste Kurve; er und sein Beifahrer kamen schwer verletzt ins Krankenhaus, und der Copilot Hermann Braun starb am Tag darauf.
Der erste Todesfall in der Renngeschichte des Hauses Daimler hätte beinahe zur Einstellung aller Renn-Aktivitäten geführt, wenn Jellinek nicht am 2. April 1900 einen Vertrag mit der Daimler Motoren-Gesellschaft abgeschlossen hätte, der ihm den Vertrieb der Fahrzeuge des Hauses Daimler für Österreich-Ungarn, Frankreich, Belgien und Amerika unter dem Namen seiner Tochter Mercedes zusicherte. Und Jellinek wollte natürlich weiter die Fahrzeuge – nun unter dem Namen Mercedes – siegen sehen.
Der 5,5-Liter-Vierzylinder bekam nun etwas mehr Hubraum, die 5,9 Liter leisteten bei 1000 U/min 35 PS, der Radstand war gewachsen, der Motor lag tiefer, der Kühler wurde aus 8070 kleinen Röhrchen zusammengelötet, und eine neuartige Federband-Kupplung sorgte für die Verbindung zwischen dem Motor und dem Vierganggetriebe. Wilhelm Werner, der Werkfahrer des Hauses Daimler, gewann dann im Frühjahr 1901 in Nizza nahezu alle Wettbewerbe; bei der Sprintprüfung erreichte er 86,5 km/h – und schon veranlaßte Jellinek eine kleine Serie dieses Wagens für die rennbegeisterte Kundschaft (Abb. Seite 47).
1902 hatte der Wagen dann 6,5 Liter Hubraum, leistete 40 PS und erreichte bereits 110 km/h. Beim Rennen Paris – Wien wurde Graf Zborowski Zweiter, war allerdings der moralische Sieger, da das Reglement die französischen Fahrzeuge bevorzugt hatte.
1903 stand dann der Sieg beim Gordon-Bennett-Rennen an: Camille Jenatzy gewann auf einem 9,3-Liter-Vierzylinder mit 60 PS in einer Durchschnittsgeschwindigkeit von 79,7 km/h. Es gab zwar schon eine 90-PS-Version mit 12,7 Liter Hubraum, die Einsatz-Fahrzeuge waren jedoch einem Großbrand im Werk zum Opfer gefallen, und da mußten die »kleineren« Modelle siegen.

Das ist der markante Kühlergrill des Wagens, mit dem Christian Lautenschlager, Louis Wagner und Otto Salzer 1914 beim Großen Preis von Frankreich einen sensationellen Dreifach-Sieg errangen. Der 4,5-Liter-Mercedes-Vierzylinder leistete 105 PS und hatte bereits vier Ventile pro Zylinder.

Da bei den meisten Veranstaltungen nur Geschwindigkeit zählte, waren viele PS das Maß aller Dinge – und Leistung war mit der damaligen Technik nur über Hubraum zu holen. So war es kein Wunder, daß die Hubräume immer gigantischer wurden – über zehn Liter Hubraum waren normal, einige erreichten sogar mehr als 20 Liter. Der »Blitzen«-Benz, mit dem Victor Héméry am 8. November 1909 die 200-km/h-Grenze überschritt (exakt 202,7 km/h), hatte einen Vierzylinder mit 21,5 Liter Hubraum – Bohrung und Hub betrugen 154,9 und 185 mm.
1905 wurde das Gordon-Bennett-Rennen zum letzten Mal ausgetragen; die 120 PS starken 14-Liter-Mercedes-Vierzylinder erreichten aber nur die Plätze fünf, sieben und zehn.
In Deutschland kamen in diesen Jahren die Tourenfahrten groß in Mode – so beispielsweise die Herkomer-Fahrt, die von 1905 bis 1907 von Mün-

Einer der schnellsten Wagen seiner Zeit: Der Fiat 130 aus dem Jahre 1907 hatte einen 15-Liter-Vierzylinder mit 130 PS Leistung, die er bereits bei 1600 U/min bereitstellte. Die Anzahl der Reservereifen zeigt, wo damals die Schwachstellen dieser Ungetüme lagen.

Ein weiteres Schmuckstück aus der Harrah's Collection: Dieser Stutz Bearcat (Serie B) leistete bereits im Jahr 1913 60 PS und verhalf seinen Besitzern zu außerordentlichem Ansehen.
Die Marke existierte von 1911 bis 1935.

chen über Baden-Baden, Stuttgart, Nürnberg und Regensburg zurück nach München führte. Hier wurde Benz 1906 mit einem 40-PS-Wagen Zweiter, und ein Jahr später gewann der Benz-Konstrukteur Fritz Erle sogar auf seinem 50-PS-Wagen.

Das wichtigste Rennen vor dem Ersten Weltkrieg war jedoch der Große Preis von Frankreich, der von 1906 bis 1908 und von 1912 bis 1914 ausgetragen wurde – 1909 bis 1911 fanden keine Rennen mit Werksbeteiligung statt, und damit fiel auch dieses Rennen aus.

Frankreich war das Mutterland der automobilen Serienproduktion und des Rennsports gewesen – und nur hier gab es einen Grand Prix. Ein Sieg bei diesen zumeist mörderisch langen und anstrengenden Prüfungen war das Ziel aller Konstrukteure – und im ersten Jahr war François Szisz auf einem Renault die Nummer eins. Der Circuit de la Sarthe war 103,18 Kilometer lang und mußte nicht weniger als zwölfmal umrundet werden. Als Szisz auf einem 13-Liter-Renault die 1238,16 Kilometer hinter sich gebracht hatte, war er 12 Stunden, 14 Minuten und 7 Sekunden unterwegs gewesen. Von den 28 Startern kamen immerhin elf noch ins Ziel, die beiden letzten waren Camille Jenatzy und Mariaux auf ihren 14,5-Liter-Mercedes-Modellen – sie hatten über 16 Stunden gebraucht. Felice Nazzaro war auf einem Fiat Zweiter geworden; die anderen Marken sind im Verlauf der Jahre untergegangen: Lorraine-Diétrich – Darracq – Brasier – Gobron-Brillié – Itala – Grégoire – Bayard-Clément. Sie alle hatten sich dieser Herausforderung gestellt – mit Drei- und Vierzylindermotoren, mit Hubräumen von 7,4 bis 18,3 Liter.

Otto Salzer, der wohl erfolgreichste deutsche Rennfahrer vor dem 1. Weltkrieg am Steuer eines Mercedes-Grand-Prix-Wagens beim Großen Preis von Frankreich 1908. Dieses Rennen gewann allerdings Christian Lautenschlager auf demselben 130 PS starken Typ.

Ein Jahr später war Felice Nazzaro der Sieger: Diesmal hatte man einen 76,988 Kilometer langen Kurs bei Dieppe an der Atlantikküste gewählt, der immerhin zehnmal zu umrunden war.
Zwar stand der Sieger hier bereits nach 6:46,33 Stunden fest, dennoch war auch dieser Grand Prix de France kein Zuckerschlecken: Von den drei gestarteten Mercedes kam nur Hémery auf Platz zehn ins Ziel, was bei 37 Startern und 17 Überlebenden allerdings auch nicht schlecht war. Das technisch interessanteste Fahrzeug dürfte ein 20-Liter-Christie gewesen sein, den der Konstrukteur Walter Christie aus den USA selbst fuhr und der bereits über einen Frontantrieb verfügte; leider fiel der Wagen in der fünften Runde aus.
Für das Jahr 1908 wurde dann wieder ein neues Reglement beschlossen: Für die Vierzylinder durfte die Bohrung 155 mm nicht überschreiten – Daimler wählte einen Hub von 180 mm, Benz nahm 200 mm. Die entsprechenden Leistungen: Daimler 140 PS bei 1400 U/min und Benz 150 PS bei 1500 U/min. Schon vor dem Rennen fuhr ein Daimler-Team nach Dieppe, um die optimalen Getriebe-Übersetzungen festzustellen, und am 7. Juli 1908 war es dann soweit: Zum ersten Mal gewann ein deutscher Wagen den Grand Prix de France; nach 6:55,43 Stunden hatte Christian Lautenschlager auf dem Mercedes die 769,880 Kilometer zurückgelegt. Auf Platz zwei kam Hémery auf einem Benz vor seinem Markengefährten Hanriot. 49 Fahrzeuge hatten sich um den Sieg beworben, 23 kamen ins Ziel, darunter auf Platz sechs Carl Jörns auf einer dritten deutschen Marke: Fritz Opel hatte drei 12-Liter-Vierzylinder in dieses Rennen geschickt. Auch Austin war erstmals mit drei 9,6-Liter-Sechszylindern dabei, Fiat trat mit dem Vorjahrssieger Felice Nazzaro, mit Louis Wagner und einem gewissen Vincenzo Lancia an – der allerdings schon nach der ersten Runde aufgeben mußte.
In den Jahren 1909 bis 1911 fand kein Großer Preis von Frankreich statt. Die wichtigsten Produzenten hatten sich geeinigt, nicht alle Anstrengungen auf ein Rennen pro Jahr zu vereinigen. In Europa gab es überregional noch die 1906 vom sizilianischen Grafen und Multimillionär Vincenzo Florio gegründete »Targa Florio«, ein Straßenrennen in den Küstenbergen zwischen Palermo und Messina, das bis zum Jahr 1971 auf Distanzen zwischen 429 und 1080 Kilometer ausgetragen wurde. Die Targa Florio war über 65 Jahre hinweg eines der bedeutendsten Rennen des Automobilsports, rauh und hart, selektiv wie wenige andere Rennen. Nicht zuletzt hier begründete Porsche nach dem Zweiten Weltkrieg seinen Ruf als Siegermarke, nachdem Umberto Maglioli 1956 auf einem 550 A vor einem 3-Liter-Maserati mit Taruffi gewonnen hatte. Und da sich diesem Sieg bis 1971 noch neun weitere an-

Natürlich hatte auch Henry Ford I rasch erkannt, daß Siege im Rennsport gut für die Werbung sind. Hier sitzt er selber am Steuer des Rennwagens »The Arrow«, mit dem er 1904 auf den zugefrorenen Lake St. Clair in Michigan 160,934 km/h erreichte.

Bereits 1906 veröffentlichte Fiat Postkarten mit Rennwagen-Motiven.

schließen sollten, wurde die Zuffenhausener Marke auch Rekordsieger vor Alfa Romeo mit neun Siegen.

Daimler und Benz begaben sich hingegen in die USA: Auf der Basis des 37/90-PS-Serienwagens wurde ein 9,6-Liter-Vierzylinder mit Doppelzündung und drei Ventilen pro Zylinder (ein Einlaß- und zwei Auslaßventile) geschaffen, mit dem Spencer Wishart und Ralph de Palma von 1912 bis 1914 großartige Erfolge erzielten; de Palma beispielsweise gewann 1912 und 1914 den Vanderbilt-Cup, das wichtigste Rennen des Landes. Beim 37/90-PS kam übrigens auch erstmals der Kühler mit dem berühmten Mercedes-Stern zum Einsatz.

Der Belgier Theodor Pilette wollte aber noch mehr: Er meldete für 1913 einen Mercedes 16/45 mit Knight-Schiebermotor zum 500-Meilen-Rennen von Indianapolis. Der 4,1-Liter-Vierzylinder war zwar das schwächste Modell im Starterfeld (und konnte sich nur knapp qualifizieren), überzeugte jedoch im Rennen durch seine Zuverlässigkeit und kam – mit einem Benzinverbrauch von 11,8 Liter – auf einen hervorragenden fünften Rang. Dieses Resultat war dann ein weiterer Stein in dem Legendengebäude, das Daimler-Benz bis heute in den USA umgibt.

1912 war jedoch auch wieder der Grand Prix de France auferstanden. In diesem Jahr wurde der 76,988 Kilometer lange Kurs bei Dieppe gewählt, der von den 57 Teams nicht weniger als 20mal zu umrunden war. 14 Mannschaften kamen nach 1539,760 Kilometern ins Ziel; der Sieger Georges Boillot benötigte auf seinem 7,6-Liter-Peugeot 13:58,02 Stunden, und als letzter kam C. de Vere auf einem 3-Liter-Côte nach 20:57,06 Stunden ins Ziel. Große Namen waren buchstäblich auf der Strecke geblieben: Keiner der drei Vauxhall-Werkswagen, die beiden Singer-Fahrzeuge, die vier angetretenen Lorraine-Diétrich – es war ein mörderisches Rennen gewesen.

Am 12. Juli 1913 war es dann wieder soweit: Der Große Preis von Frankreich – diesmal war ein 31,621 Kilometer langer Kurs bei Amiens 29mal zu umrunden. 18 Mannschaften stellten sich den 916,800 Kilometern, elf kamen ins Ziel. Erneut gewann ein Peugeot; Georges Boillot siegte auf seinem 5,6-Liter-Vierzylinder (mit einem Gewicht von 1040 Kilogramm) nach 7:53,57 Stunden vor seinem Markengefährten Jules Goux.

In diesen Jahren waren nur wenige ausländische Firmen bereit, in Frankreich mitzufahren – zu trickreich war das Reglement alljährlich auf die Stärken der französischen Modelle abgestimmt. Aus Deutschland reisten Carl Jörns mit seinem 4-Liter-Opel-Vierzylinder und ein Herr Esser auf

Der sogenannte »Blitzen«-Benz, ein Vierzylinder mit 21,5 Liter Hubraum und 200 PS Leistung, fuhr am 16.3.1910 einen neuen Geschwindigkeits-Weltrekord: Barney Oldfield erreichte 211,988 km/h.

einem 1,5-Liter-Mathis-Vierzylinder an. Während Jörns nur die erste Runde überstand, fuhr der Mathis für seine Leistung geradezu sensationell: Bis zur achten Runde kam er auf Platz 15, dann fiel er allerdings aus. Das Besondere dieses »Klein«-Wagens: Er war wahrscheinlich nach Plänen von Ettore Bugatti erbaut worden und wurde – nach dem Ersten Weltkrieg – zu einem großen Verkaufserfolg.

Im September 1913 wurde wieder einmal das Reglement für den Grand Prix 1914 geändert: Nun durfte der Hubraum nicht mehr als 4,5 Liter betragen, und das Wagengewicht durfte nicht über 1100 Kilogramm liegen. Drehzahlen waren gefragt, die Leistung mußte mit neuen Methoden beschafft werden. Bei Daimler wurde ein Vierzylinder mit vier Ventilen pro Zylinder entworfen, der bis 3500 U/min vertragen konnte – die maximale Leistung von 105 PS stand bei 3100 U/min bereit und wurde erstmals – bei einem Daimler-Rennwagen – mit einer Kardanwelle an die Hinterachse gebracht (bei den Serienwagen gab es dieses System bereits seit 1908). Die Höchstgeschwindigkeit von 190 km/h war auf dem 37,631 Kilometer langen Circuit de Lyon zwar auch recht wichtig – schließlich gab es eine längere Gerade –, entscheidend für den überraschenden Dreifach-Sieg der Fahrer Christian Lautenschlager, Louis Wagner und Otto Salzer waren jedoch die hervorragende Straßenlage und die Zuverlässigkeit der Mechanik. Nicht weniger als 41 Teams waren zu den 20 Runden (= 752,620 Kilometer)

Christian Werner und Karl Sailer gewannen mit diesem 2-Liter-Mercedes-Rennwagen im Jahr 1924 die Targa Florio und die Coppa Florio. Der mit einem Roots-Kompressor versehene Motor leistete bei 4500 U/min 126 PS und besaß bereits zwei obenliegende Nockenwellen. Der Konstrukteur war Ferdinand Porsche, damals Entwicklungschef bei Daimler.

Mit diesem Dreifach-Sieg hatte niemand gerechnet: Christian Lautenschlager (28), Otto Salzer (39) und Louis Wagner (40) gewannen den schwersten Grand Prix vor dem 1. Weltkrieg, den Großen Preis von Frankreich von 1914. Hier die lorbeerbekränzten Sieger vor dem Untertürkheimer Tor.

aufgebrochen, elf kamen ins Ziel. Noch heute gilt der Grand Prix de France des Jahres 1914 als das härteste Autorennen aller Zeiten. Christian Lautenschlager fuhr nicht weniger als 7:08,18 Stunden auf Straßen, die diesen Namen kaum verdienten, mit Geschwindigkeiten bis zu 190 km/h auf Reifen, mit denen wir heutzutage sofort die Zulassung unseres Autos verlieren würden – der Zweite kam 1 Minute und 36 Sekunden später ins Ziel, der Dritte knapp fünf Minuten später. Stallregie gab es keine; hier fuhr wirklich jeder gegen jeden, mit Rennwagen, die – für heutige Verhältnisse – weder brauchbare Bremsen noch gute Straßenlage besaßen.

Daimler hatte sich mit diesem Sieg einen glänzenden Namen verschafft und galt einmal mehr als Inbegriff technischer Leistungsfähigkeit. Die Gegner – Opel mit drei Wagen, Fiat mit drei Wagen, Sunbeam mit drei Wagen, Delage mit drei Wagen und Peugeot mit drei Wagen (um nur die wichtigsten zu nennen) waren abgeschmettert, der Daimler-Stern hatte vor dem Ersten Weltkrieg noch einmal ein Zeichen gesetzt. Das Rennen von Lyon war der letzte Auftritt vor dem Krieg – das Ende der Gründerzeit des Rennsports. Zum Schluß hatte sich bereits abgezeichnet, wohin sich dieser Sport entwickeln würde – zu mehr Professionalität, zu immer aufwendigeren Werkseinsätzen; weg von der Serie, hin zum Spezialwagen.

Natürlich gab es in diesen Jahren auch andere Rennen: Waren es anfangs noch die Fernfahrten, die nach den tödlichen Unfällen des Rennens Paris – Madrid (das in Bordeaux abgebrochen wurde und unter anderem auch das Leben von Marcel Renault kostete) schlagartig eingestellt wurden, so kamen dann die bereits erwähnten

Kein Unterschied zu Serienwagen: Teilnehmer bei einem Autorennen in Potsdam im Jahr 1907.

Bis 1914 gab es nur einen »Grand Prix«, den von Frankreich. Obwohl die Franzosen regelmäßig das Reglement änderten, um die heimischen Fabrikate zu bevorzugen, gewann Mercedes in diesem Jahr.

Zuverlässigkeitsfahrten und die ersten Bergrennen zur Austragung. Das bis heute auf derselben Strecke bei Worcester gefahrene Shelsley Walsh Hill Climb – gegründet im Jahr 1907 – kann noch viel von der Atmosphäre dieser Tage vermitteln. Parallel zu diesen Wettbewerben reizte es die wagemutigen Männer natürlich von Anfang an, festzustellen, wer der schnellste Autofahrer sei. Diese bis heute faszinierende Disziplin hatte ihren ersten Sieger am 18. Dezember 1898, als Gaston de Chasseloup-Laubat auf einem Jeantaud Electric mit 30 PS Leistung 63,158 km/h erreichte. Nur vier Monate später – am 29. April 1899 – erreichte Camille Jenatzy als erster die 100-km/h-Grenze; er fuhr mit seinem C.I.T.A. 105,882 km/h. Unter den ersten Rekordjägern gab es eine Vielzahl von Firmen und berühmten Fahrern, deren Namen bis heute bekannt geblieben sind: Charles S. Rolls beispielsweise fuhr am 9. April 1902 im französischen Ort Achères mit einem Mors Z 101,695 km/h schnell. Nur vier Monate später setzte sich der junge Millionenerbe William K. Vanderbilt hinter das Steuer desselben Wagens und erreichte 122,449 km/h. Dies wiederum ließ Charles Rolls nicht ruhen; er verbesserte in den nächsten Jahren seine persönliche Bestleistung auf 136,363 km/h, wobei der von ihm benutzte Mors einen Reihen-Vierzylindermotor mit nicht weniger als 11559 ccm Hubraum besaß, der etwa 70 PS Leistung hergab. Panhard (mit 80 PS aus 13,6 Liter Hubraum) und Gordon-Brillié (mit 130 PS aus 15,2 Liter Hubraum) machten zusammen mit den Mercedes-Simplex-Modellen viele dieser Rekordfahrten unter sich aus, bis auch die Amerikaner die Werbewirksamkeit begriffen. So ließ es sich Henry Ford I am 9. Januar 1904 nicht nehmen, mit seinem Typ »The Arrow« (knapp 19 Liter Hubraum und 100 PS aus vier Zylindern) auf dem Lake St. Clair in Michigan 160,934 km/h vorzulegen (Abb. Seite 53).
Bald kamen auch die ersten Achtzylinder (von Darracq im Jahr 1905) und der erste Zwölfzylinder von Sunbeam (mit 9 Liter Hubraum und 200 PS) mit ins Spiel. Hubraum war gefragt: Fiat brachte 1911 aus 28,4 Liter Hubraum 290 PS. Rekorde aber fuhren andere Wagen.
Neben den Benzinmotoren gab es allerdings noch immer Dampf- und Elektrowagen, die noch lange mithalten konnten: So fiel die 200-km/h-Marke mit dem Stanley Steamer (Abb. Seite 48), und es bedurfte dann schon der 21,5 Liter Hubraum des »Blitzen«-Benz, um am 23. April 1911 die 228,096 km/h zu erreichen – die bis zum Jahr 1919 das Maß aller Dinge darstellten.

Der zweite Start

Rechte Seite oben: Luxuriöser ging es kaum noch: Diese Lithographie von Wehlisch von 1927 zeigt das Spitzenmodell des Hauses Renault, einen 40CV, auf dem Place da la Concorde in Paris.

Während in Europa der Erste Weltkrieg tobte, machten GM und Ford in den USA rasante Fortschritte. Hier war der Weg zum »Volks«-Wagen schon zu Beginn der zwanziger Jahre eingeleitet, die ersten Fließbänder sorgten für Stückzahlen, von denen die Europäer nur träumen konnten. Europa lag am Boden; wer hatte schon Geld für ein Auto? Und wer Geld hatte, mußte auf sein Auto warten, denn die Umstellung auf Friedensproduktion konnte sich nicht von heute auf morgen vollziehen.

Dabei gab es Motor-Produktionsstätten im Überfluß; schließlich hatten die Militärs aller Länder – nachdem sie im Verlauf des Krieges erkannt hatten, daß derjenige, der über die meisten Nutzfahrzeuge und Flugzeuge verfügte, auch gewinnen würde – für die Errichtung der entsprechenden Firmen gesorgt. Konstrukteure, die sich diesen Wünschen unterordnen konnten, waren nicht nur in der Lage, ihre Firmen drastisch zu vergrößern, sie besaßen auch nach Kriegsende das Know-how, das es ihnen ermöglichte, die Automobile auf einen neuen Technologie-Stand zu heben: Ein Hans Nibel, der bei Benz in Mannheim Flugzeugmotoren entwickelt hatte – und bereits 1908 im Alter von 28 Jahren Chefkonstrukteur geworden war –, präsentierte 1918 den 6/18 PS, dessen 1,6-Liter-Vierzylinder für immerhin 85 km/h sorgte. Auch Ferdinand Porsche hatte bei der Konstruktion von Flugzeugmotoren viel über die mechanischen Aufladungen gelernt: Ab 1922, als er die Nachfolge von Paul Daimler als Chefkonstrukteur bei der Daimler Motoren AG antrat, sorgte er für die PS-Boliden, die das Haus bis in die dreißiger Jahre berühmt machen sollten. Auch ein Edmund Rumpler, der schon vor dem Ersten Weltkrieg zu den Flugpionieren gehört hatte, baute aerodynamisch ausgefeilte Fahrzeuge, die sich zwar kaum verkaufen ließen, ihm aber wenigstens einen Beratervertrag mit der Firma Benz einbrachten – und daraus resultierte dann der »Tropfen«-Benz, der eines der interessantesten Stücke der Nachkriegs-Renngeschichte werden sollte (Abb. Seite 125).

Natürlich gab es diese Pioniere nicht nur in Deutschland. Rolls-Royce baute in England Flug-

Der Schotte David Dunbar Buick gründete 1904 in Detroit eine Automobil-Fabrik, die bereits 1908 in den General-Motors-Verband aufgenommen wurde. Dieser Brougham Touring Sedan wurde 1924 gebaut und gehörte damals zur automobilen Mittelklasse.

Rechte Seite unten: Fiat wurde zum Massenproduzenten: Der Typ 501, der von 1919 bis 1926 gebaut wurde, besaß einen 1,5-Liter-Vierzylinder mit 23 PS Leistung.

zeugmotoren, Marc Birkigt eiferte ihm in der Schweiz nach (daraus sollte dann die berühmte Marke Hispano-Suiza entstehen), in den Niederlanden baute ein Anthony Fokker noch Automobile, bis er sich ganz auf die Produktion von Flugzeugen verlegte. Auch die Herren André Citroën und Ettore Bugatti hatten viel zu Kriegszeiten gelernt, wie natürlich auch die Häuser Renault, Duesenberg in den USA oder die Bayerischen Motorenwerke in München, die seit 1916 bestanden und in den zwanziger Jahren auch mit dem Automobilbau begannen.
André Citroën, der während des Ersten Weltkriegs Zahnräder und Munition produziert hatte, begann im Jahr 1919 damit, die in den USA studierten Fließband-Methoden nach Europa zu verpflanzen und mit dem 10 CV Typ A (1,3-Liter-Vierzylinder, 20 PS) das erste europäische Großserienauto auf die Räder zu stellen. Citroën erkannte rasch, daß eine Komplett-Ausstattung

1927 mußte bei Ford die Produktion vom Modell T auf das neue Modell A umgestellt werden. Die Fließbänder standen sechs Monate still, die Umstellung kostete 200 000 000 Dollar. »Auf die Kosten kam es nicht an«, erklärte Henry Ford I später, »wenn man sich von solchen Dingen beeinflussen läßt, kann man keine gute Arbeit leisten.«

dem Verkaufserfolg zuträglich sein würde – also lieferte er auch elektrische Beleuchtung und ein Allwetter-Verdeck. Da er die Bedeutung der Werbung früher als viele seiner Konkurrenten erkannte, ließ er ab dem Jahr 1923 etliche seiner Fahrzeuge zu Expeditionen quer durch Afrika und Asien antreten, deren Leistungen noch heute erstaunen. 1925 hatte er einen weiteren Genieblitz und ließ seinen Namen in 30 Meter hohen Buchstaben vom Eiffelturm leuchten. Dann kam er 1933 in finanzielle Schwierigkeiten und mußte an Michelin verkaufen.
Der Hauptkonkurrent von Citroën war Louis Renault, der mit Saharadurchquerungen auf die Expeditionen von André Citroën antwortete und mit dem fünf Meter langen 40 CV eines der Traumautos dieser Jahre bauen ließ. Dieser Traumwagen (Abb. Seite 59) sollte auch Werbung für die Massenprodukte wie den »Primaquatre« oder den »Juvaquatre« machen, die zusammen mit diversen Sechs- und Achtzylinder-Modellen dafür sorgten, daß Louis Renault das größte Auto-Imperium Frankreichs sein eigen nennen durfte.

Peugeot konnte zu diesen Zeiten nicht ganz mithalten: Zwar hatte man in Sochaux bereits 1911 den wahrscheinlich besten und fortschrittlichsten Kleinwagen dieses Jahrzehnts entworfen, und kein Geringerer als Ettore Bugatti zeichnete für den 850-ccm-Vierzylinder mit zehn PS Leistung verantwortlich, der unter dem Namen Peugeot Bébé N° 2 bis in den Ersten Weltkrieg hinein in über 10 000 Exemplaren verkauft wurde. Als dann aber nach dem Krieg die Produktion wieder anlief, beschränkte man sich auf Kleinwagen – so beispielsweise den 1920 präsentierten »Quadrilette« (670 ccm, 10 PS, 60 km/h), der mit sämtlichen Derivaten in nicht weniger als 150 000 Exemplaren montiert wurde. 1927 kam dann der erste Sechszylinder, bevor 1929 mit dem Peugeot 201 der Stammvater aller Modelle mit der Mittel-Null (die es bis heute gibt) auftauchte; ein 1,1-Liter-Vierzylinder mit 23 PS, der nach Lancia und Tatra als dritter Serienwagen der Welt eine vordere Einzelradaufhängung bieten konnte. Vom 201 wurden zwischen 1929 und 1932 insgesamt 62817 Exemplare ausgeliefert.

Mit solchen Kleinwagen begann die Massenmotorisierung: Der Typ F 1 der Zschopauer Motorenwerke AG – bekannte unter dem Namen DKW – hatte einen Zweizylinder-Reihenmotor (490 ccm Hubraum), leistete 15 PS und kostete 1750 Reichsmark.

Vincenzo Lancia, der 1881 geborene Sohn eines Turiner Suppenfabrikanten, beschloß 1906 – nachdem er sich bei Fiat einen glänzenden Namen als Versuchs- und Rennfahrer gemacht hatte –, seine eigene Firma zu eröffnen: Das Ergebnis waren keineswegs Rennwagen, sondern solide und zuverlässige Automobile, die allerdings oft Details aufweisen konnten, die Automobilgeschichte machten. Waren der 2,5-Liter-Vierzylinder »Alpha« und der 3,8-Liter-Sechszylinder »Di-Alpha« noch schlicht und unzerstörbar geraten, so überzeugte der »Theta« (Abb. Seite 63) des Jahres 1914 durch die erste serienmäßige Elektrik in einem europäischen Automobil. 1922 schließlich machte Lancia endgültig Geschichte, als er den »Lambda« vorstellte (Abb. Seite 67), das erste Fahrzeug mit einer selbsttragenden Aluminiumkarosserie und der ersten unabhängigen Vorderradaufhängung, die für eine Straßenlage sorgte, die damals der Konkurrenz weit voraus war. Bemerkenswert war auch der 2,1-Liter-V4-Zylinder, dessen beide Zylinderreihen über einen Winkel von nur 14° verfügten. Der 49 PS starke Lambda wurde bis zum Jahr 1928 in verschiedenen Serien in knapp 12 000 Exemplaren gebaut.

Baute Lancia die mehr zukunftsorientierten Fahrzeuge, so war das Imperium des Giovanni Agnelli – trotz einiger Luxusmodelle – mehr auf Klein- und Großserienwagen ausgelegt. 1919 kam der Typ »501« auf den Markt (Abb. Seite 59), mit seinem 1,5-Liter-Vierzylinder (23 PS Leistung) bis 1926 gebaut. Die Massenmotorisierung wurde in Italien durch den Typ »509« eingeleitet, der 1925 bereits aus 0,9 Liter Hubraum 20 PS herausholte und zum Stammvater des Typ »508« – der unter dem Namen »Balilla« bekannter werden sollte (Abb. Seite 77) – avancierte. Fiat hatte sich damals – wie auch noch heute – besonders nah an den Geschmack der breiten Masse gehalten; ausgefallene Konstruktionen wurden – und werden noch heute – kaum akzeptiert.

Natürlich gab es auch in England Großserienhersteller: Austin war eine dieser Marken. 1906 von dem Ingenieur Herbert Austin in Longbridge bei Birmingham gegründet, erreichte die Firma 1921 mit dem Austin »Twelve« zum ersten Mal größere Stückzahlen, bevor ein Jahr später der Kleinwagen »Seven« (747 ccm, 15 PS) für einen stetigen Verkaufserfolg bis zum Ende der Produktion im Jahr 1939 sorgte. Dieser Austin »Seven« war jedoch auch für einen bayerischen Produzenten von größerer Bedeutung: BMW erwarb die Erlaubnis, ihn als »Dixi« nachzubauen (Abb. unten). BMW verdankte seinen Aufstieg im wahrsten Sinne des Wortes den Flugzeugmotoren,

Ende der 20er Jahre erwarb BMW die Fahrzeugwerke Eisenach und mit ihr die Lizenz zum Bau des Austin Seven, in Deutschland Dixi genannt; immerhin konnten fünf Fahrzeuge auf einmal ausgeliefert werden.

Sterne Stevens entwarf 1924 dieses Plakat für Buick. Der Vertrieb für Bayern war in München zu Hause, in der Paul-Heyse-Straße Nr. 9.

Bild unten: Das Ford-Modell T hat, dank seiner robusten Auslegung, in erstaunlich vielen Exemplaren überlebt. Der 2,9-Liter-Vierzylinder mit 21 PS Leistung lief praktisch ewig.

die die Firma – nach dem Zusammenschluß der Karl Rapp Motorenwerke und der Gustav Otto Flugmaschinenfabrik im Jahr 1916 – produzierte. Hier wurden beispielsweise die Sechszylindermotoren für die Fokker-Jagdmaschinen des Richthofen-Geschwaders entwickelt und gebaut. Nach dem Krieg errang ein BMW-Flugmotor 1919 den Höhenflug-Weltrekord; 1926 kam der Flug von Wolfgang von Gronau hinzu, der mit BMW-Motoren in 254 Stunden um die Welt flog. 1923 schon wurde das erste Motorrad ausgeliefert – und 1928 kam dann der Dixi, der in Eisenach produziert wurde.

In diesen Jahren begannen viele Unternehmer, Firmen zu gründen, die noch lange Geschichte machen sollten: 1922 beispielsweise lieferte Carl F.W. Borgward in Bremen seinen ersten dreirädrigen Lieferwagen mit dem Namen »Goliath« aus – anfänglich mit DKW- und später mit Ilo-Zweitaktmotor –, 1929 kaufte er die Hansa-Lloyd-Werke dazu, und bald war ein kleines Imperium entstanden, das erst 1961 nach finanziellen Schwierigkeiten die Produktion einstellen mußte.

Eine weitere dieser Gründerpersönlichkeiten war der Däne Jörgen Skafte Rasmussen, der ab 1907 im sächsischen Zwickau Kesselarmaturen produziert hatte und 1919 – mehr zum Vergnügen seiner Kinder – ein kleines Fahrzeug mit einem Zweitaktmotor baute und »Des Knaben Wunsch« benannte. Und mit dem Zeichen DKW schmückte Rasmussen dann auch seine Fahrradhilfsmotoren und die Motorräder, die bald – natürlich mit Zweitaktmotoren – die Straßen bevölkerten. 1928 kam der Typ P, das erste DKW-Auto mit einem 584 ccm großen Zweitakt-Zweizylindermotor, dessen 16,5 PS eine selbsttragende Sperrholzkarosserie zu bewegen hatte. Der große Wurf gelang 1931 mit dem F 1 (Abb. Seite 61), zu seiner Zeit mit 1750 Reichsmark der billigste Wagen deutscher Produktion, der zudem als erstes Massenauto einen Frontantrieb hatte.

Als im Jahr 1825 die »Hannoversche Maschinenbau AG« gegründet wurde, konnte niemand ahnen, daß exakt 99 Jahre später unter dem Namen

Eines der skurrilsten – und schnellsten – Autos wurde von Henry Frederick Stanley Morgan zu Beginn der 30er Jahre entworfen: der Three-Wheeler. Die besten Exemplare erreichten 190 km/h und sind noch heute regelmäßig Sieger bei Oldtimer-Rennen.

»Hanomag« einer der eigenwilligsten Kleinwagen gebaut werden sollte. Dieser offene Zweisitzer (Abb. Seite 68) erfreute seine Besitzer mit 10 PS und durchaus akzeptablen Fahrleistungen. Rasch erhielt er den Spitznamen »Kommißbrot«; obwohl dieser erste Serienwagen mit seiner Pontonkarosserie im Lauf der nächsten Jahre immer weiter verbessert wurde und Vier- und Sechszylindermodelle ins Programm hinzukamen, blieb mit dem Namen Hanomag nur das »Kommißbrot« im Gedächtnis verhaftet. Der Volksmund charakterisierte diese auch im Rallye-Sport erfolgreiche Marke so: »Ein bißchen Blech, ein bißchen Lack – fertig ist der Hanomag.« Nach 1945 wurde die Produktion von Pkw eingestellt – es blieben nur die Nutzfahrzeuge im Programm.

Der größte britische Kleinwagenfabrikant war William Richard Morris, der 1910 – nachdem er etliche Jahre als Autohändler gearbeitet hatte – damit begann, seine eigenen Fahrzeuge zu montieren, die er aus den Bestandteilen etlicher Firmen entwarf. Der »Bullnose« zum Beispiel besaß einen 1-Liter-Motor von White & Poppe, ein Fahrwerk von Wrigley & Co., eine Karosserie von Hollick & Pratt und eine Elektrik von Bosch. Morris hatte die Begabung, für jeden Bestandteil seiner Fahrzeuge den billigsten Lieferanten zu finden und dann mit Kampfpreisen zu agieren. Mit dieser Taktik gelang es ihm nicht nur, viele seiner einstigen Lieferanten zu Bestandteilen seines stetig wachsenden Imperiums zu machen, er war auch ab der Mitte der zwanziger Jahre zum größten Kleinwagenproduzenten Großbritanniens geworden. 1928 kam ein weiterer Klassiker: der Morris Minor (847 ccm, 20 PS), der – neben den mittlerweile ebenfalls eingeführten Sechszylindermodellen – für das Geld in der Kasse sorgte. W. R. Morris kaufte dann noch die Firmen Riley, Wolseley und den Vergaserhersteller S. U. hinzu, und die Sportwagen-Tochter MG sorgte für die Schlagzeilen auf den Sportseiten. MG wurde von dem Exrennfahrer Cecil Kimber gegründet, der als Geschäftsführer der »Morris Garages« – daher die Abkürzung MG – die Serienfabrikate optisch und leistungsmäßig überarbeitete (Abb. Seite 72). Bekannt wurde das in Oxford ansässige Unternehmen 1928, als aus dem 847-ccm-»Minor« der nur 150 Pfund teure MG-»Midget« wurde, der erste preisgünstige Roadster dieser Jahre, der mit seinen 36 PS schon über 100 km/h erreichte. Und als Tazio Nuvolari dann noch mit einem Kompressor K 3 Magnette die Tourist Trophy und einen Klassensieg bei der Mille Miglia errungen hatte (mit einem 1,1-Liter-Vierzylinder und bis zu 125 PS Leistung), war England endgültig vom MG-Fieber gepackt.

Schon bei Produktionsbeginn im Jahr 1913 war der Lancia Theta seiner Zeit voraus: Er besaß als erstes Fahrzeug in Europa eine komplette elektrische Ausrüstung. Bis zur Produktionseinstellung 1919 wurden 1696 Exemplare dieses Luxuswagens gebaut.

Ein weiterer Meilenstein bei Opel, der 4/14-PS-Zweisitzer mit dem schönen Namen »Laubfrosch«. Für 4000 Reichsmark gab es 1925 einen Reihen-Vierzylinder (1016 ccm Hubraum) mit 14 PS Leistung, drei Vorwärtsgängen und der Höchstgeschwindigkeit von 70 km/h.

Hat der Firmenname MG heute bei Leyland überlebt, so konnte ein anderer Produzent seine Unabhängigkeit bewahren: H. F. S. Morgan. Er hatte 1906 eigentlich ein Motorrad konstruieren wollen – 1910 ging dann allerdings der »Three-Wheeler« in Serie, der bis zum Jahr 1950 in praktisch unveränderter Form gebaut wurde (Abb. Seite 63). Dieses zumeist mit JAP-Motoren angetriebene Gefährt brachte es zu erstaunlich großen Stückzahlen; daran war allerdings auch die britische Steuergesetzgebung schuld, die bei dreirädrigen Fahrzeugen weniger Steuer als bei den vierrädrigen Kollegen verlangte. Das ist auch einer der Gründe, warum es bis heute in England Autos mit drei Rädern vom Schlage eines Reliant oder Bond gibt. Sportlich engagierte Käufer entdeckten rasch, daß die leichten, handlichen und gut motorisierten Morgan-Three-Wheeler stets für Siege gut waren. Sie mußten allerdings erst etliche Monate um die Zulassung bei Rennen kämpfen, da den Motorsportbehörden diese Fahrzeuge zutiefst suspekt schienen. Waren dreirädrige Autos nicht besonders unfallgefährdet? Und wie sah es mit dem Schutz der Insassen aus? Trotz aller Einwände durften die Morgans schließlich auf die Rennstrecken und siegten erstaunlich oft. Heute baut der Sohn Peter Morgan noch immer Roadster in der alten englischen Tradition: Knallhart gefedert, mit einem Holzrahmen und – auf Wunsch – mit einem 3,5-Liter-V8-Motor von Rover, der das nur 850 Kilogramm schwere Gefährt problemlos über die 200-km/h-Marke beschleunigt.

In Deutschland war die Firma NSU im Jahr 1892 zur Produktion von Fahrrädern gegründet worden – und der Name wurde dem Ortsnamen Neckarsulm entnommen. Die Vorläufer-Firma hatte jedoch schon einen bedeutenden Beitrag zur Automobilgeschichte geleistet: Hier wurde das Fahrgestell des Stahlradwagens von Gottlieb Daimler im Jahr 1888 montiert. Nachdem NSU an der Konstruktion von Motorrädern Gefallen gefunden hatte, wurden ab 1904 auch komplette Automobile montiert. Zuerst waren es Lizenzbauten auf der Basis der belgischen Firma Pipe; bald kam ein eigener Vierzylindermotor mit 10 PS Leistung, dann kamen immer größere Fahrzeuge, die auch bei den großen Zuverlässigkeitsfahrten erfolgreich abschnitten. Der Typ 5/15 PS öffnete ab 1919 den Weg zur Massenproduktion. 1925 war man dann schon in der Lage, einen Sechszylinder auf die Räder zu stellen, der bei den ersten Rennen nach dem Krieg gegen die gesamte Konkurrenz gewinnen konnte. Bei der Weltwirtschaftskrise 1929 mußte NSU – wie so viele an-

In der Auto-Ausstellung: ». . . in Block gelagerter Achtzylinder, oben gesteuert, gewährleistet . . .« ». . . ja, ich habe mir aber eigentlich etwas gedacht in ganz zartem Beige-Rosé, und nur die Räder diskret mit zwei türkisblauen Lilien abgesetzt . . .« Karikatur von 1928.

Verkehrsstau am Pariser Platz in Berlin – man schreibt das Jahr 1926.

Unten: Der König der Landstraße: 1930 erreichte der BMW Wartburg mit seinen 18 PS (aus 748 ccm Hubraum) rund 85 km/h. Nur 150 Stück wurden gebaut; nur die wenigsten haben überlebt.

dere Firmen – Konkurs anmelden. Die Fabrik wurde von Fiat gekauft, und bis in die sechziger Jahre wurden in Heilbronn noch Fiat-Automobile montiert.

Opel war – wie bereits erwähnt – vor dem Ersten Weltkrieg der größte Autoproduzent des Reichs gewesen. In den zwanziger Jahren wurden einerseits große Sechszylinder gebaut, andererseits hatte man mit dem »Laubfrosch« einen äußerst beliebten Kleinwagen im Programm, dessen 951-ccm-Vierzylinder 12 PS leistete. 1925 folgte der 4/14 mit einem auf 1016 ccm vergrößerten Hubraum und einem – auf Wunsch – verlängerten Radstand, der nun auch die Montage von viersitzigen Karosserien ermöglichte.

Da aber auch der 4/14 nicht allen Platzwünschen Genüge leisten konnte, wurde der 10/40 PS – auch »Typ 80« genannt – ins Programm aufgenommen. Er besaß einen Hubraum von 2594 ccm, leistete bei 3000 U/min immerhin 45 PS und verlieh dem 1410 Kilogramm schweren Wagen damit eine Höchstgeschwindigkeit von 90 km/h.

Im Lauf der nächsten Jahre wurde die Firma Adam Opel zum erfolgreichsten deutschen Automobilhersteller: 1928 produzierten 8000 Mitarbeiter 42771 Fahrzeuge, das bedeutete einen Marktanteil von 26 Prozent, und unter den deutschen Herstellern lag dieser Anteil bei 44 Prozent. Trotz dieser glänzenden Zahlen war den Verantwortlichen klar, daß die sehr aggressiv operierenden Amerikaner, die bereits in mehreren europäischen Ländern Zweigwerke errichtet oder Konkurrenzfirmen aufgekauft hatten, zu einer Gefahr auf dem Sektor werden konnten, den Opel mit den Kleinwagen beherrschte.

So landete im Herbst 1926 ein Brief von Opel auf dem Schreibtisch von James D. Mooney, dem Präsidenten der GM-Exportabteilung, in dem man freundlich anfragte, ob eine Zusammenarbeit in der Zukunft denkbar wäre. Im Oktober 1928 fuhr Alfred P. Sloan jr. mit zwei von seinen engsten Beratern nach Europa, um dort verschiedene Firmen zu besichtigen – darunter auch Opel in Rüsselsheim. Sloan schrieb später

Zum Personentransport war nahezu jedes Mittel recht. Die ADKA-Motorrad-Limousine kam aus München; man machte eine fabelhafte Werbung (Plakatentwurf Knittel, 1927). Dennoch geriet das Fahrzeug rasch wieder in Vergessenheit.

über diesen Besuch: »Mein früheres Interesse am Erwerb der Opel-Werke wurde durch diesen Besuch so gesteigert, daß ich ein Optionsabkommen über den Kauf des Opel-Unternehmens durch General Motors aushandelte.«

Nachdem noch eine weitere Kommission das Programm und die Produktionsstätten positiv beurteilt hatte, wurden als erster Schritt am 3. Dezember 1928 die Opel-Werke in eine AG umgewandelt. Sechs Wochen danach erwarb General Motors einen Teil der Aktien. Am 18. März 1929 erklärte dann GM-Präsident Sloan in Wiesbaden auch offiziell, daß sein Unternehmen 25 967 000 Dollar für 80 Prozent der Opel-Anteile bezahlt habe und daß man eine Option der Familie Opel für die verbleibenden 20 Prozent auch noch einlösen würde. Dieser Rest ging im Oktober 1931 zum Preis von 7 395 000 Dollar in den Besitz von GM über.

Damit war die erste Firma in den Besitz von Amerikanern übergegangen. In diesem Jahr 1931 – nach der großen Weltwirtschaftskrise – beschloß auch Henry Ford I in Deutschland eine Filiale zu gründen. Er wählte die Stadt Köln als Hauptsitz von Ford Deutschland – 1932 kam dann in Dagenham noch eine britische Tochtergesellschaft dazu.

Der Börsenkrach des Jahres 1929 trug zwar entscheidend zum Ende vieler renommierter Firmen bei, es hatte sich jedoch schon vorher abgezeichnet, daß mit einer zu großen Typenvielfalt und mit einem zu großen Anteil an Handarbeit zu teuer produziert wurde. Die GM-Kommission, die im Januar 1929 das Opel-Werk in Rüsselsheim unter die Lupe genommen hatte, bescheinigte der Fabrik – die damals als eine der modernsten Deutschlands galt – einen Entwicklungsstand, der »den Verhältnissen, wie sie 1911 in den USA bestanden« entsprach. Das hatte allerdings auch schon Geheimrat Fritz von Opel erkannt: Bei den Amerikanern, so schrieb er, gelte der Grundsatz, daß erst eine Tagesproduktion von 30 Wagen die Rentabilität bringe. Bei den Deutschen waren es nur sieben Wagen. Eine weitere Zahl, die die Schwächen der deutschen Automobilproduktion aufzeigte: Die Produktionsverfahren waren veraltet. Der deutsche Automobilhändler-Verband machte 1926 den Reichstag darauf aufmerksam, daß bei Ford sechs Mitarbeiter an einem Auto bauten – bei Daimler-Benz waren es (statistisch gesehen) 1750 Mitarbeiter.

So hangelten sich die meisten deutschen Produzenten von einem Auftrag zum nächsten; die Kapitaldecke war stets zu dünn, nur allzuoft sorgten die Lieferanten – nachdem sie lange genug auf ihr Geld gewartet hatten – für ein abruptes Ende. Oder es waren die Spekulanten, die mit raffinierten Winkelzügen rasch zum großen Geld kamen? Und es oft auch wieder genauso rasch verloren. Einer dieser Männer war der Börsenspekulant

Dieses Chassis revolutionierte den Automobilbau: Vinzenzo Lancia präsentierte auf dem Pariser Automobil-Salon im Oktober 1922 den Lambda, das erste Auto der Welt mit einer selbsttragenden Karosserie und einer unabhängigen Vorderrad-Aufhängung. Hier ist der feste Rahmen zu sehen, auf den die Karosserie nur noch aufgenietet werden mußte.

Jakob Schapiro; er war während des Ersten Weltkriegs aus Odessa gekommen und leitete in Berlin als Fahrlehrer die Schachzüge ein, die ihn binnen weniger Jahre zu einem der mächtigsten Männer im Automobil-Geschäft werden ließen. Er hatte mit seinem ersten Geld – über dessen Herkunft in dieser Nachkriegszeit nur spekuliert werden konnte – die Karosseriewerke Schebera übernommen, die zu dieser Zeit für Adler, Benz, Daimler, Opel und Protos arbeiteten.
Schapiro erkannte die Spielregeln der beginnenden Inflation lange vor den Chefs der Firmen, für die seine Karosseriewerke arbeiteten. Er versorgte sich bei den Produzenten mit großen Mengen von Fahrgestellen, bezahlte sie mit Wechseln – und ließ diese dann so lange prolongieren, bis sie nur noch Pfennige wert waren. So hatte er beispielsweise 1921 bei den Benz-Werken 200 Fahrgestelle des Typs 8/20 PS erworben und mit Wechseln bezahlt. Und während man in Mannheim auf das Geld wartete, hatte Schapiro

Und so sah der Lancia Lambda aus, wenn er fertig montiert war. Für den Vortrieb sorgte ein Vierzylindermotor, der in V-Form – mit einem Winkel von nur 13° – konstruiert war. Das Fahrzeug war ein Meilenstein in der Automobilgeschichte und wurde bis 1928 nur mit geringen Überarbeitungen in knapp 12000 Exemplaren gebaut.

1922 versuchte man das Propeller-Automobil einzuführen. Der Kennziffer »IA« war zu entnehmen, daß der Wagen im Landespolizeibezirk Berlin zugelassen war.

Mitte: Schon in den 20er Jahren machten sich die Erfinder Gedanken um den Schutz der Fußgänger.

mit dem Erlös der gefertigten Automobile angefangen, Aktien des Hauses zu erwerben. Die Mahnbriefe wurden mit dem Hinweis, daß der Wechsel prolongiert sei, zurückgeschickt – und als im März 1923 der Vorstand den »Generaldirektor Jakob Schapiro« aufforderte, nun endlich mit Bargeld zu bezahlen, hatte dieser bereits 40 Prozent der Aktien in seinem Besitz, und die überraschten Mannheimer mußten ihn in den Vorstand aufnehmen. Ein Jahr später hatte er dann 60 Prozent der Aktien des Hauses Benz, und bei Daimler war er auch schon mit 25 Prozent beteiligt. Dazu kamen die Gothaer Waggonfabrik samt den Dixi- und Cyklon-Werken sowie NSU, NAG und Hansa-Lloyd. Schapiro wollte einen möglichst großen Teil der deutschen Automobilindustrie unter seiner Federführung vereinigen – und er war seinem Ziel schon recht nahe gekommen.

Hier trat nun Emil Georg von Stauss auf, der Vorstandssprecher der Deutschen Bank, der seine Gegenstrategie darauf aufbaute, daß die Deutsche Bank alle Schapiro-Wechsel aufkaufte und bei der Fälligkeit die Prolongation verweigerte. Schapiro mußte jedesmal Anteile an die Deutsche Bank verkaufen, da er ja sonst über kein Bargeld verfügte, und so wurde sein Anteil auf 16 Prozent gedrückt. Auf diese Weise kam ein Großteil der Aktien in den Besitz der Deutschen Bank.

Trotzdem war allen Beteiligten klar, daß auch bei den hervorragenden Namen der Firmen Benz und Daimler das Überleben des einzelnen nicht mehr gesichert war.

Es ist Wilhelm Kissel zu verdanken, daß die Fusion zwischen den beiden ältesten Autofirmen der Welt zustande kam. Kissel war im Alter von 19 Jahren als Korrespondent bei der Firma »Benz & Cie.« eingetreten, 1917 erhielt er Prokura, kurz darauf wurde er Direktor im Hause Benz. Er hatte das Spiel von Jakob Schapiro miterlebt, und er suchte nun einen adäquaten Partner – den Kissel auch bald in Daimler gefunden hatte.

Der erste Personenwagen der Firma Hanomag – die nach dem 2. Weltkrieg nur noch Nutzfahrzeuge herstellte – war der 2/10 PS, besser unter dem Namen »Kommißbrot« bekannt. 15775 Exemplare dieses mit einem Einzylindermotor (500 ccm Hubraum) ausgestatteten »Volks«-Mobils wurden ausgeliefert.

Der Band 41 des beliebten Jahrbuchs für Haus und Familie, »Das neue Universum«, überraschte seine Leser mit dem Vorschlag für einen »Autoturm«.

Nach langen Diskussionen wurde im Mai 1924 eine Interessen- und Verkaufsgemeinschaft der beiden Unternehmen gegründet – dann verhandelte man über eine Gemeinschaftsquote, damit die beiden Bilanzen auf eine gemeinsame Ebene gebracht werden konnten. Dabei bekam Daimler 654 Tausendstel und Benz 346 Tausendstel zugesprochen. Obwohl die Interessen- und Verkaufsgemeinschaft eine Laufzeit bis zum Jahr 2000 hatte, sorgten die Ereignisse der nächsten Jahre dann doch für eine Beschleunigung der Fusion: 1925 bauten beide Firmen nur noch 3666 Personenwagen – das entsprach dem Stand von 1910. Und als im Jahr darauf diese Zahl um weitere 40 Prozent sank, wurde endgültig fusioniert. Zwar war Schapiro – der ja noch immer 16 Prozent der Aktien besaß – weiter im Aufsichtsrat, doch 1929 mußte er auch diesen Stuhl verlassen, nachdem 1928 die Deutsche Bank die total verschuldeten Firmen Dixi und BMW und die Dresdner Bank gemeinsam mit Fiat die ebenso ruinierten NSU-Werke übernommen hatten.

Der Text zum »Autoturm« aus dem Jahr 1920 erklärt nicht nur die Technik dieses Parkhauses, sondern macht auch unmißverständlich klar, daß der Entwurf von E. G. Higgins »als recht zeitgemäß« gelten darf. Dennoch kamen Konstruktionen dieser Art erst in den 50er Jahren zur Verwirklichung.

Der Autoturm.

Hierzu ein ganzseitiges Tondruckbild.

Die Vereinigten Staaten sind das Land der Kraftwagen. Seitdem der bekannte Multimillionär und Friedensapostel Ford die rationelle Massenfabrikation des Kraftwagens eingeführt hat, ist der Preis für einen guten Personenwagen in den Vereinigten Staaten auf etwa sechshundert Dollar gesunken. Dafür aber hat sich der Absatz ins Fabelhafte gesteigert. Allein in Groß-Neuyork schätzt man die Zahl der Privatkraftwagen auf mehr als hunderttausend, so daß etwa jeder sechzigste Einwohner sein Auto besitzt. Nun aber beginnt die Unterbringung dieser zahlreichen Wagen in der engen Großstadt Schwierigkeiten zu machen. Daher darf das Projekt von Mr. E. G. Higgins, das unser ganzseitiges Tondruckbild darstellt, als recht zeitgemäß gelten.

Higgins wendet das beliebte Wolkenkratzersystem auch auf die Autogaragen an und entwirft einen Autoturm von einigen zwanzig Stockwerken Höhe. Im Innern führt ziemlich dicht am äußeren Umfange des Turmes eine schraubenförmig gewundene Fahrbahn mit einer Steigung von drei vom Hundert bis zum obersten Stockwerk. Für einen modernen Kraftwagen bietet die Überwindung einer solchen Steigung keinerlei Schwierigkeiten. Die Wagen können also bequem bis unter das Dach fahren, und eine zukünftige Entwicklung kann uns auch Autotürme von sechzig und mehr Stockwerken bescheren.

Für die Niederfahrt ist eine engere Spirale in der Nähe der Achse des Turmes mit sieben vom Hundert Gefälle vorgesehen. Die Kraftwagen können diese Spirale bequem hinunterrollen, wobei der eingekuppelte Motor bei ausgeschalteter Zündung als nützlichste Bremse wirkt und die eigentlichen Wagenbremsen nur gelegentlich zu Hilfe genommen zu werden brauchen. Für den Personenverkehr sind natürlich Fahrstühle vorgesehen, die unsere Abbildung im Vordergrunde zeigt.

An die beiden Fahrspiralen schließen sich wie die Zellen eines Bienenstockes die einzelnen Garagen. Sie sind mit weitgehendster Raumausnutzung entworfen, so daß ein paar tausend Kraftwagen in dem Turm untergebracht werden können. Man hat die einzelne Garage dabei nur als Abstellraum geplant, in dem der Wagen allenfalls gewaschen und nachgesehen werden kann, während für die Vornahme von Reparaturen besondere Werkstätten im ersten Stockwerk vorgesehen sind. Es leuchtet wohl ohne weiteres ein, daß es sehr viel wirtschaftlicher ist, wenn man grundsätzlich darauf verzichtet, in jeder dieser tausend Autozellen eine Werkstatt mit Feilbank und Schraubstock einzurichten und vorzieht, dafür gute, mit allen Hilfsmitteln versehene, gemeinschaftliche Werkstätten anzulegen. Der einzelne Wagenbesitzer befindet sich dabei in seiner Garage in derselben Lage wie auf der Landstraße, das heißt er kann nur Arbeiten vornehmen, die mit Bordmitteln, mit dem Werkzeugkasten des Wagens durchführbar sind. Er hat aber den Vorteil, daß in demselben Gebäude eine große Werkstatt mit allen nur erdenklichen Spezialmaschinen, mit allen Ersatzteilen und schließlich mit einem Stabe geschulter Autoschlosser vorhanden ist, die jede Reparatur viel schneller und viel besser erledigen, als der Besitzer selbst oder sein Chauffeur es jemals könnten.

Eine besondere Frage ist noch die Erreichbarkeit der Wagen. Die überwiegende Menge der amerikanischen Kraftwagenbesitzer hat keinen eigenen Fahrer, sondern fährt selbst. Will nun der Besitzer ausfahren, so müßte er sich erst etwa mit der Straßenbahn von seiner Wohnung zu dem Autoturm begeben. Das wäre aber recht langweilig und würde in vielen Fällen die ganze Autofahrt überhaupt überflüssig machen. Es wird daher im Autoturm eine Anzahl guter Wagenführer vorzusehen sein, so daß auf telephonischen Anruf jedem Besitzer sein Wagen schleunigst vor die Haustür gefahren werden kann. Bei einem solchen Verfahren kommt nur die kurze Zeitspanne für die Autofahrt zwischen Turm und Wohnung in Betracht, die alles in allem kaum mehr als zehn Minuten beanspruchen dürfte. Dafür braucht sich der Wagenbesitzer nicht mit dem Herausholen des Wagens aus einer eigenen Garage zu bemühen, so daß die Anordnung, die zweifellos sehr bald vom Papier in die Wirklichkeit übertragen werden dürfte, auch hier eine befriedigende Lösung bietet.

1926 hatten sich Daimler und Benz zur Daimler-Benz AG zusammengeschlossen, und bis 1945 wurde dieser Verband, nach der Firma Adam Opel AG, zur zweitgrößten Automobilfabrik Deutschlands. Walter Müller entwarf diesen stark stilisierten Kompressor-Mercedes, der – natürlich! – das Stuttgarter Kennzeichen »III A« trug.

Von 1932 bis 1934 produzierte Fiat etwa 41000 Exemplare des 508 »Balilla«. Angetrieben wurde der Wagen von einem 1-Liter-Vierzylinder, der bei 3400 U/min 20 PS zur Verfügung stellte. Der Preis: 10800 Lire.

Obwohl Kissel zusammen mit dem Baurat Fritz Nallinger und dem Chefkonstrukteur Hans Nibel aus Mannheim nach Stuttgart zu Daimler gekommen waren, hatten sie nur den Erfolg der Firma Daimler-Benz im Sinn. Das zeigte sich rasch an der Tatsache, daß bis zum Jahr 1927 – als ein gemeinsames Modellprogramm realisiert worden war – die Fahrzeuge des Hauses Benz verschwunden waren. Kissel hatte es anfänglich nicht leicht in Stuttgart. Die Daimler-Mitarbeiter konnten es nur schwer verwinden, daß nun ein Benz-Mitarbeiter an die Spitze des Unternehmens kam. Als Kissel in Stuttgart eintraf, stand vor dem Bahnhof nur ein 10/30-PS-Benz zur Abholung bereit – und als Büro war lediglich eine kleine, nur mit Schreibtisch, Stuhl und Aktenschrank eingerichtete Kammer bereitgehalten worden. Kissel revanchierte sich mit einer so erfolgreichen Arbeit, daß er bis zu seinem Tod im Jahr 1942 Vorstandsvorsitzender der Daimler-Benz AG blieb – und bis zu diesem Tag auch auf ein anderes Büro verzichtete.
Das Hauptproblem der deutschen Automobilhersteller war in diesen Tagen ein Passus des Versailler Vertrags, der den Siegermächten so große zollfreie Kontingente verschafft hatte, daß auch der rentabelste Betrieb nicht gegen die Dumping-Preise der Importeure ankämpfen konnte. Zwar versuchte die Regierung, mit einem neuen Zolltarif die deutschen Produzenten besser zu schützen – diese Maßnahme half jedoch nicht viel, dafür waren zu viele schon in desolatem Zustand. Hinzu kam, daß einige ausländische Firmen noch zusätzlich im Deutschen Reich Fahrzeuge montieren ließen: General Motors fertigte in Deutschland Chevrolets, Buicks und Cadillacs (letztere natürlich nur in verschwindend geringen Stückzahlen). Von 1926 bis 1934 montierte Ford 25635 Modelle amerikanischen Ursprungs; ab August 1933 trugen dann alle Vierzylindermodelle und ab Mitte 1935 auch alle V8-Fahrzeuge das Emblem »Ford – Deutsches Erzeugnis«.
Wie viele Fahrzeuge NSU/Fiat, die deutsche Tochter des italienischen Großfabrikanten, montierte, ist nicht mehr exakt feststellbar; es dürf-

Im Februar 1933 brachten die deutschem Ford-Werke den 1-Liter-Vierzylinder »Köln« auf den Markt. Die hier gezeigte 21 PS starke Kabrio-Version kostete 3090 Reichsmark und fuhr etwa 90 km/h schnell.

ten etwa 22000 Automobile gewesen sein. Und auch Citroën hatte 1927, in einer stillgelegten Waggonfabrik in Köln-Poll, mit der Montage des Typs B 14 begonnen. Rund 1000 Arbeiter sorgten hier bis 1935 für den Zusammenbau der Typen B 14, C4, C6, 8A, 10A, 15A sowie der Frontantrieb-Typen 7 und 11. Knapp 19000 Fahrzeuge wurden ausgeliefert.
Noch heute unterschätzt man zu leicht den Anteil der importierten oder in Deutschland montierten Fahrzeuge ausländischer Firmen: 1927 waren von den 97000 zugelassenen Autos 28,4% von Ausländern geliefert oder montiert. Dieser Anteil stieg bis 1929 auf 40,8% – die deutschen Produzenten konnten ganze 4809 Fahrzeuge im Ausland absetzen. Kein Wunder, daß bei wachsender Arbeitslosigkeit die Stimmung immer erbitterter wurde.
Einige Firmen kamen wieder auf die Füße – andere mußten den Konkurs anmelden. NAG beispielsweise: 1901 war die »Neue Automobil Gesellschaft« in Berlin gegründet worden, und bereits zwei Jahre später hatte Emil Rathenau (der Vater des 1922 ermordeten deutschen Außenministers), der als Vorstandsvorsitzender den AEG-Konzern erfolgreich leitete, die NAG seiner Firma einverleibt. Die Vierzylinder des Hauses verkauften sich gut, und nach dem Ersten Weltkrieg – NAG bedeutete nun »Nationale Automobil Gesellschaft« – erregte NAG mit einem Sportwagen Aufsehen: Der Typ C 4b (mit 45 PS und vier Sitzplätzen) wurde unter dem Namen »Monza« verkauft und trug seinen Teil zu den schwarzen Zahlen des Unternehmens bei. Dann glaubte man sich vergrößern zu müssen – der Erwerb der Firmen Protos, Presto und Dux kostete nur Geld und belastete die Kassen –, und die Wirtschaftskrise trug dann ihren Teil dazu bei, daß die Firma nur finanziell äußerst geschwächt in die dreißiger Jahre gelangte. Und wie so viele andere Hersteller dachte man nun auch bei NAG, daß nur der Luxusmarkt die Gewinne abwerfen würde, die man dringend benötigte. Der NAG-Achtzylinder mußte geradezu zwangsläufig zum Mißerfolg werden, denn wer Geld hatte, kaufte sich eine mit Renommee versehene Marke, bestimmt keinen NAG. 1934 gab es noch ein letztes Aufbäumen: Der NAG »Voran« mit 1,5-Liter-Boxermotor und Frontantrieb war technisch zwar an der Spitze des Fortschritts, wurde aber nicht mehr vom Publikum angenommen – und NAG war endgültig pleite.
In den Jahren 1922 bis 1926 war die Anzahl der deutschen Produzenten von 77 auf 30 zusammengeschrumpft – Namen wie Apollo, Beckmann, Bergmann, Bob, BZ, Club, Cyklon, Diana, Dinos, Dürkopp, EGO, Ehrhardt, Elite, Eos, Fadar,

Entwicklung in Rekordzeit: Innerhalb von nur sechs Wochen wurde der DKW F1 entworfen und drei Prototypen gebaut. Basis war der 490-ccm-DKW-Motorradmotor, dessen 15 PS dem Wagen zu rund 75 km/h verhalfen. Der Preis des zweisitzigen Roadsters: 1750 Reichsmark.

So begann eine weitere Legende: Cecil Kimber, Ex-Rennfahrer und Geschäftsführer der »Morris Garages«, beschloß 1925 die Sportwagen zu bauen, die er selbst gerne fahren wollte, aber bei keinem Hersteller finden konnte. Er nannte seine Wagen nach den Initialen seiner Firma »MG« – hier der MG Sports Tourer aus dem Jahr 1925.

Die ersten Waschstraßen: Bei Toronto in Kanada beschwerten sich die Anwohner des Humber-Flußes regelmäßig darüber, daß Autofahrer immer öfter direkt in das Gewässer fuhren – und daß der Auto-Waschtag gleichzeitig auch zum Badeausflug wurde. Das Foto stammt vom 12. September 1927.

Fafnir (hier wurde bereits 1919 einer der ersten Kompressor-Sportwagen gebaut), Faun, Freia, Fulmina, Garbaty, Gasi, Geha, Grade, HAG, Heim, Helios II, Hildebrand, Joswin (hier wurden Mercedes-Motoren montiert), Koco, Komnick, Körting, Landgrebe, Lesshaft, Libelle, Lindcar, Lipsia, Loreley (ab 1906 bereits mit Sechszylindermotoren), MAF, Magnet, Maja II, Mannesmann (von 1927 bis 1929 mit Achtzylindermotoren), Mauser (hier wurden die skurrilen Einspurmodelle gebaut), Minimus, Mölkamp, Moll, Monos, Morgan II, Omega I, Otto, Peer Gynt, Phänomen, Pluto, Presto, Priamus, Protos, Rabag, Rex-Simplex, Rhemag, Rumpler (mit der berühmten Stromlinien-Karosserie), Rüttger, S. B., Selve, SHW, Sphinx, Spinell, Steiger, Stolle, Szawe, Tourist, Utilitas, Voran, Wesnigk, Wittekind und Zimmermann II waren in den zwanziger Jahren zugrunde gegangen.

Diese lange Liste ist zwar mühsam zu lesen, sie zeigt jedoch, wie vielfältig das Angebot in diesen Jahren war. Wer den Mut und etwas Geld hatte, machte sich selbständig und produzierte – zumeist – Kleinwagen. Ein- und Zweizylindermotoren wurden montiert; viele Produzenten kauften ihre Triebwerke bei Fremdherstellern, bevorzugt wurden Motorrad-Motoren in die Fahrgestelle gehängt; Dreiräder erlebten eine Blütezeit, nie wieder sollte es so viele Kleintransporter geben. Die Zahl der Jungunternehmer und der talentierten Ingenieure schien grenzenlos zu sein.

Die zwanziger Jahre brachten aber neben der Vielzahl der Produzenten auch eine deutliche Verbesserung der Technik. Die Motoren wurden leistungsfähiger, sie begannen länger zu halten, und das bei reduzierten Wartungsansprüchen. Nun galt es nicht mehr, jeden Tag oder alle paar

Die Anfänge des Camping:
Citroën führte 1922 dieses Expeditions-Fahrzeug vor, dessen hinterer Teil einen Kofferraum hatte, in dem ein komplettes Zelt mit Schlafeinrichtung untergebracht werden konnte.

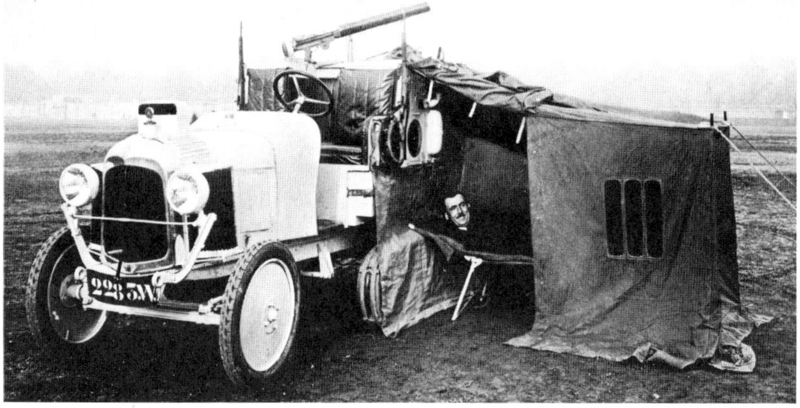

hundert Kilometer etliche Schmiernippel abzuschmieren – was bis dato ohnehin zumeist nur von Chauffeuren oder versierten Bastlern zu bewerkstelligen war. Die Service-Intervalle wurden größer – man hatte nur noch alle 2 500 Kilometer zum Kundendienst zu kommen.

Die Werkstätten übernahmen mehr und mehr die Arbeit der Chauffeure – und die Verminderung der Firmenzahl hatte auch ihre Vorteile: Händlernetze konnten überregional gebildet werden, Fernreisen führten bei Pannen nicht mehr zwangsläufig zur Heimfahrt mit der Eisenbahn. Die Ersatzteilversorgung verbesserte sich, das Automobil konnte alltagstauglich werden.

Das bewies auch der verstärkte Einsatz des Autos bei Vertretern, bei Geschäftsreisenden. Große Firmen begannen damit, sich Fuhrparks zuzulegen; das Automobil wurde zum Statussymbol der gehobenen Angestellten.

Bei den Zulieferern hatten sich ebenfalls die Stärksten durchgesetzt: Der 1861 bei Ulm geborene Robert Bosch hatte sich durch die Entwicklung der Magnetzündung bei den Motorkonstrukteuren unentbehrlich gemacht. Die von ihm gegründete Firma wurde rasch zu einem der überragenden Fahrzeug-Elektrik-Unternehmen und ist dies bis heute geblieben. Die Firma Mahle – einer der wichtigsten Kolbenhersteller der Welt –, die Firma Behr – die zum wichtigsten Kühlerhersteller avancierte, Alfred Teves – der bei Bremsen und Kupplungsbelägen unter dem Namen ATE bis heute mit führend ist – und die Firma VDO, die bis zum heutigen Tag den Großteil aller Armaturen herstellt – sie alle wurden in den zwanziger Jahren endgültig zu dem, was sie heute noch darstellen. Das Auto war erwachsen geworden, jetzt mußte es nur noch für die breite Masse erschwinglich werden.

Crash-Versuch in den frühen 30er Jahren: Vor interessierten Pressevertretern wird hier in Berlin ein Aufpralltest gezeigt. Wie es den Fahrern erging, ist nicht bekannt.

Luxus der zwanziger Jahre

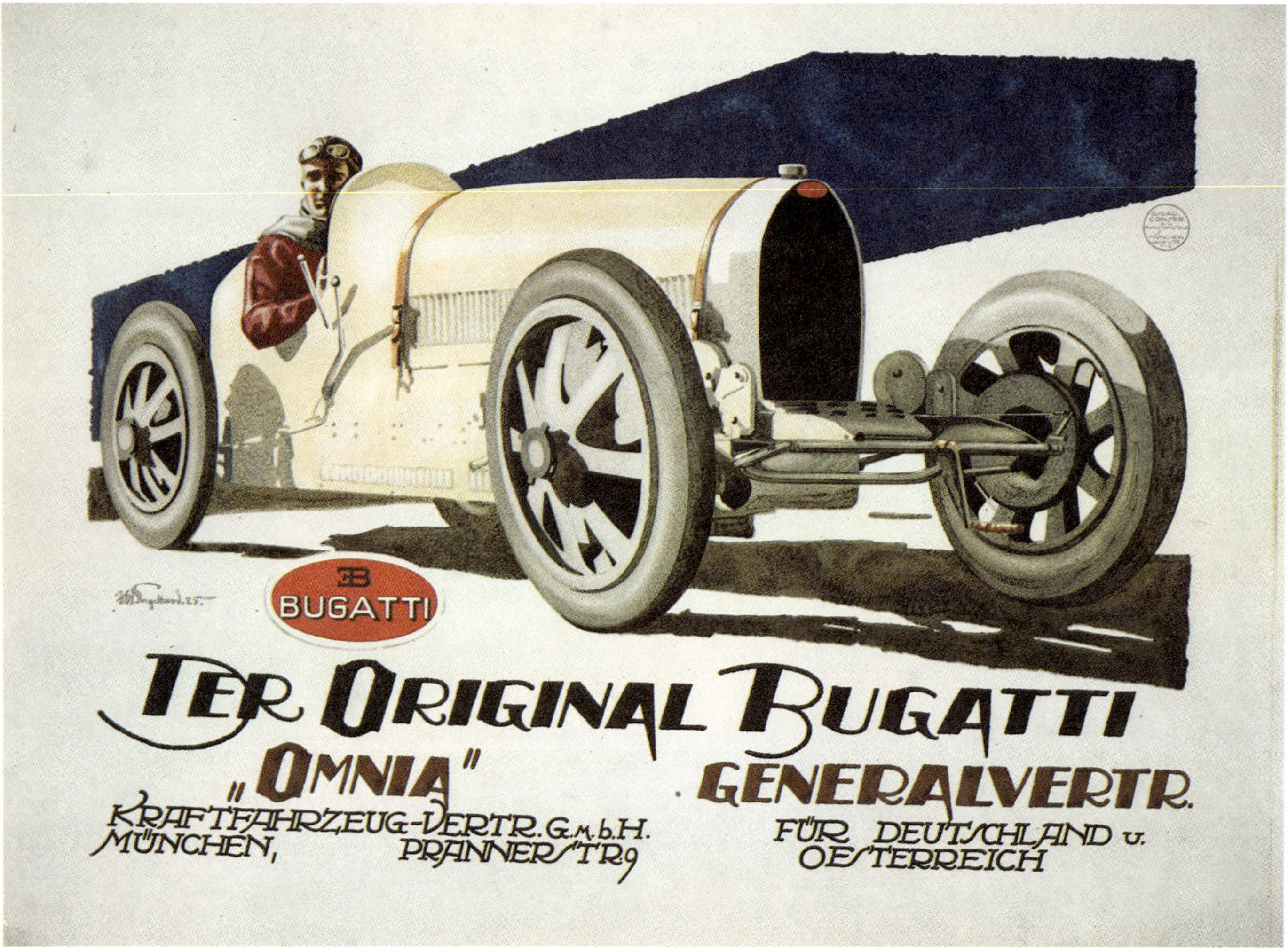

Ettore Bugatti, ein in Frankreich lebender Italiener, gilt als einer der genialsten Konstrukteure aller Zeiten. Das Plakat wurde von W. Engelhard 1925 entworfen.

Mit dem Automobil hatte man es nie leicht – auch heute noch nicht. Das könnte zum Teil daran gelegen haben, daß das Auto zu Beginn seiner Karriere so teuer war, daß es sich nur die wenigsten leisten konnten, eine dieser »pferdelosen« Kutschen in ihre Remise zu stellen. Es bedurfte schon einer gewissen technischen Aufgeschlossenheit, sich mit jenen sündteuren Vehikeln sehen zu lassen – und die Tatsache, daß Kaiser Wilhelm II. das Automobil eigentlich für überflüssig hielt (wozu hat der liebe Gott die Pferde erfunden?), trug auch nicht gerade zu seiner Beliebtheit bei.

Es war dem kaiserlichen Bruder – dem Prinzen Heinrich – zu verdanken, daß das Automobil bei Hofe zumindest akzeptiert wurde. Und nachdem der erste Deutsche Automobil-Club des Nachts auch noch eine Fackelparade hoch am Volant vor dem Kaiser abgehalten hatte, durfte er sich endlich »Kaiserlicher Deutscher Automobil-

Nur 5567 Exemplare des Lancia Artena wurden zu Beginn der 30er Jahre gebaut – vielleicht war der Basispreis von 31 000 Lire für den 55 PS starken 2-Liter-Vierzylinder zu hoch.

Club« nennen – und der Marstall bekam den Auftrag, ein paar dieser Vehikel anzukaufen. Prinz Heinrich, der in Ermangelung anderer Aufgaben gerne mit dem Automobil an Zuverlässigkeitsfahrten teilnahm – eine wurde auch sogleich nach ihm »Prinz-Heinrich-Fahrt« genannt –, machte das Automobil im Geld- und im echten Adel populär. Heinrich bevorzugte die Wagen der Firma Benz, erfand bei einem Gewitterguß den Scheibenwischer und ermunterte die Hersteller zu immer mehr Leistung und Qualität.
Dieser kleine Rückgriff in die Geschichte soll eines zeigen: Den Fortschritt gab es immer nur durch Luxus-Marken, durch die Produzenten, deren Käufer sich das Beste leisten konnten – die sogar das Beste forderten. Gerade die Luxus-Marken waren zuerst bereit, außergewöhnliche Konstruktionen anzubieten; ihre Kundschaft wußte das Außergewöhnliche zu schätzen und hatte auch das Geld, es zu bezahlen.
Das wußten die Firmen Benz und Daimler in Deutschland genausogut wie die Herren Rolls und Royce in England. Und auch Ettore Bugatti begann bereits 1914 mit ausgefallener Technik – sein Typ 13 hatte bereits vier Ventile pro Zylinder – ein Image aufzubauen, das ihm später erlaubte, seiner Kundschaft nahezu alles anbieten zu können, was er für richtig hielt – und es wurde ihm geglaubt.
Das Ende des Ersten Weltkriegs brachte nicht nur auf dem politischen Sektor Neues – auch die Kundschaft hatte sich geändert. Es gab viele »Neureiche«, dazu war die Einstellung der Reichen anders geworden: Man war nun eher bereit, sein Geld (und damit seinen Erfolg) zu zeigen. Und da auch die Technik in den Kriegsjahren viel dazugelernt hatte, stand einer Allianz dieser Faktoren nichts im Wege.
Das Technik-Kapitel sollte vielleicht ein wenig ausführlicher erläutert werden: Die Militärs hatten zu Beginn des Krieges mit Motoren – egal ob in Automobilen, Lastwagen oder Flugzeugen,

Vom US-Luxus-Hersteller La Salle wurden von 1927 bis 1940 unter der Aufsicht von Cadillac einige der schönsten Automobile der 30er Jahre gebaut. Hier ein Fleetwing-Sedanette-Kabriolett von 1930.

Ob der Wagen des japanischen Kaisers Hirohito tatsächlich ein Rolls-Royce ist, wie es die damalige Bildunterschrift verheißt, ist nur schwer feststellbar: Aufnahme vom 8. Januar 1932.

später in Tanks – noch nicht viel im Sinn. Die Kavallerie stand ihnen näher am Herzen; als die Pferde jedoch von motorisierten Einheiten rasch aufgerieben wurden, hatten die Triebwerksproduzenten rasch Hochkonjunktur. Während am Boden hauptsächlich die Zuverlässigkeit und die Ökonomie gefragt waren, mußten die Flugzeugmotoren immer mehr Leistung entwikkeln. Der Grund dafür war einfach: Wer mehr Leistung hatte, konnte höher fliegen – und wer höher flog, konnte auf den Gegner herabsehen und ihn leichter abschießen.

So wurde bei den Flugzeugmotoren manche Technik weiterentwickelt, die zuvor zwar bereits theoretisch bekannt, in der Praxis jedoch noch nicht zum Einsatz gekommen war. Der Kompressor ist dafür ein typisches Beispiel; er war zwar ursprünglich von den Brüdern Roots in den USA als Wasser- und Getreidepumpe entwickelt worden, ermöglichte nun jedoch auch das zusätzliche »Bepumpen« des Zylinders mit Luft – oder besser Sauerstoff. Und da die Verbrennung (oder der Wirkungsgrad) mit mehr Sauerstoff besser wird, erhöhte sich auch die Leistung – und der Gegner hatte etwas mehr Probleme.

Natürlich kamen auch neue und bessere Werkstoffe zum Einsatz; man experimentierte viel, und die Ergebnisse brachten das Automobil einen großen Schritt voran.

Ferdinand Porsche, der bereits im Jahr 1900 mit seinem »Lohner«-Porsche für Aufsehen gesorgt hatte – er montierte einfach an jedes der beiden Vorderräder einen elektrischen Radnabenmotor und erreichte so eine Höchstgeschwindigkeit von 40 km/h –, wurde Chefkonstrukteur bei Austro-

Am 10. Oktober 1896 hatte Bernhard Stoewer sen. in Stettin ein Unternehmen gegründet, das von 1899 bis 1945 auch Automobile herstellte. Gerade zu der Zeit der größten Wirtschaftsdepression wurde der P 20 vorgestellt, ein 4,9-Liter-Achtzylinder mit 100 PS Leistung – ganze 24 Exemplare wurden von 1930 bis 1933 gebaut.

Daimler, beschäftigte sich im Krieg mit Flugzeugmotoren und entwickelte nebenbei noch Mörserzugwagen, bevor er nach dem Kriegsende sich wieder seiner eigentlichen Leidenschaft zuwenden konnte: dem Hochleistungswagen. Die erste Kostprobe seines Könnens war der 1,1-Liter-»Sascha«-Vierzylinder, mit dem ein junger Werksfahrer 19. im Gesamtklassement bei der Targa Florio des Jahres 1922 wurde, ein Mann, von dem später noch zu erzählen ist: Alfred Neubauer, der legendäre Rennleiter des Hauses Daimler-Benz.

Dann übernahm Porsche den Stuhl des Chefkonstrukteurs bei Daimler in Stuttgart – und hier entwickelte er im Sommer 1923 den Nachfolger des veralteten Typs 28/95 PS, der bereits im Herbst mit der Bezeichnung 15/70/100 PS vorgestellt wurde. Die Typenangabe entsprach der Aufschlüsselung nach Steuer-PS, Motorleistung ohne Kompressor und Höchstleistung mit zugeschaltetem Kompressor. Dieser Sechszylinder mit dem Hubraum von 3920 ccm war die Basis für die S- bis SSKL-Baureihe, die heute als Inbegriff des Luxuswagens der zwanziger Jahre gilt.

Rasch wurde dem Typ 15/70/100 PS eine größere Hubraum-Variante zur Seite gestellt, dieser 24/100/140 PS hatte nun 6240 ccm und zugleich das Handikap, 2500 Kilogramm bewegen zu müssen. Kein Wunder, daß die sportlich orientierte Kundschaft im Werk nach einer »Renn«-Variante verlangte – zwar wurde dieser Wunsch nicht erfüllt (reine Rennwagen gab es erst 1934 wieder zu bewundern) –, der Vorstand gab jedoch die Erlaubnis, eine Version mit verkürztem Radstand (3400 mm anstatt 3750 mm) zu produzieren. Er bekam den Namen »K« und erhielt parallel dazu eine »S« oder »Sport«-Variante, die normalerweise 180 PS abgab – im Renneinsatz konnten es dann auch einmal 220 PS werden.

Wie vorauszusehen, wollten immer mehr gutbetuchte Kunden den »S«, dessen weiterentwickelter Motor 1928 schon bis zu 225 PS leistete, als Traumwagen auf normalen Straßen benutzen. So wurden 138 Exemplare dieses bis zu 200 km/h schnellen Wagens verkauft, und das trotz eines Preises von bis zu 30000 Reichsmark. Manche kauften sich auch nur ein Chassis und beauftragten dann die besten Karosseriefirmen, die damals noch in der Lage waren, nahezu jeden Wunsch zu erfüllen.

Trotzdem war ein Teil der verwöhnten Klientel unglücklich: Der »S« war recht eng und unkom-

Linke Seite unten:
Von 1920 an wurde der Alfa Romeo Typ RL entwickelt, dessen 3-Liter-Sechszylinder auch für den Einsatz im Motorsport präpariert wurde. Am 13. Oktober 1921 feierte der 56 PS starke Wagen seine Premiere – bis 1927 wurden 2640 Exemplare gebaut, darunter dieses Modell aus dem Jahr 1926.

Der Fiat Typ 508, unter dem Namen »Balilla« angeboten, wurde 1935 technisch völlig überarbeitet und bekam deshalb auch die Schlagzeile »La nuova Balilla«. Der Motorblock dieses Modells blieb – aufgebohrt auf 1,1 Liter Hubraum – bis 1962 im Fiat-Angebot.

Louis Renault war zum Massenproduzenten Frankreichs aufgestiegen – der »Vivastella« des Jahres 1931 wurde (wie alle Modelle des Hauses) mit einem Kardanwellen-Antrieb ausgeliefert.

fortabel und eignete sich auch nicht für jede Art von Aufbau. Die Antwort der Stuttgarter hieß: »SS« oder »Super-Sport« (Abb. Seite 82). Die Karosserie-Linie wurde etwas höher gelegt und die Leistung etwas angehoben, der auf 7,1 Liter Hubraum vergrößerte Sechszylinder leistete nun mit eingeschaltetem Kompressor 200 PS. 155 Exemplare dieses Traumwagens wurden ausgeliefert – Traumwagen schon bei der Entstehung und erst recht heutzutage.

Als absoluten Höhepunkt gab es von dieser Version auch noch einen kurzen Ableger mit der Bezeichnung »SSK« – der Radstand betrug hier nur noch 2950 mm –, von dem 45 oder 46 Exemplare gebaut wurden. Obwohl der »SSK«, der zum größten Teil mit 27/170/225-PS- oder 27/180/250-PS-Motoren ausgeliefert wurde, eigentlich nur für Renneinsätze bestimmt war, gab es dennoch einige Kunden, die ihren »SSK« mit Kabrio- oder Coupé-Aufbauten für den normalen Straßeneinsatz versehen ließen. Die letzte Steigerung war dann noch der »SSKL«, der aber nur bei Rennen eingesetzt wurde und deshalb an anderer Stelle gewürdigt wird.

Es gab aber nicht nur Daimler-Benz im Luxuswagenbereich, auch die Firma Horch beispielsweise versuchte mit großen Achtzylindern den Stuttgartern Konkurrenz zu machen. Der Konstrukteur war pikanterweise Paul Daimler, der Sohn von Gottlieb Daimler, der nach dem Engagement von Ferdinand Porsche seinen Arbeitsplatz in Stuttgart geräumt und den Posten des Chefkonstrukteurs bei Horch angetreten

Nur einmal versuchte sich Daimler-Benz mit einem Heckmotor-Antrieb. Die sportlichste Variante war der 150H-Sport-Roadster, der 55 PS leistete und 6600 Reichsmark kostete – und praktisch unverkäuflich war.

Einer der Mittelpunkte des Berliner Automobil-Salons 1928 war der Stand der Firma Horch. Die Achtzylinder des Hauses – 1931 wurde auch noch ein Zwölfzylinder angeboten – waren eigenwillig, technisch brillant und teuer. 1939 wurde die Produktion eingestellt.

hatte. August Horch selbst hatte seine Fabrik nach einer Anzahl brillanter Automobile – darunter bereits 1904 einen Vierzylinder mit Kardanantrieb – im Jahr 1909 verlassen und in Zwickau eine neue Firma mit seinem Namen gründen wollen. Seine ehemaligen Partner erreichten jedoch einen Gerichtsbeschluß, der Horch verbot, mit diesem Namen erneut Fahrzeuge zu benennen. Daraufhin wählte Horch die lateinische Übersetzung seines Namens und taufte seine Wagen fortan »Audi«. Diese Marke bestand bis zum Jahr 1928, dann übernahm DKW die Produktionsstätten, und 1932 wurde aus den Firmen Audi, DKW, Horch und Wanderer der Firmenverband Auto Union gebildet.

Horch – unter der Leitung von Daimler – blieb für einige Jahre einer der wenigen wirklichen Konkurrenten von Daimler-Benz auf dem deutschen Markt. Man begann in Zwickau mit einem 3,1-Liter-Reihen-Achtzylinder mit 60 PS Leistung, zwei obenliegenden Nockenwellen und mit Leichtmetallkolben; die Typen 430 und 450 waren bis in die Mitte der dreißiger Jahre äußerst begehrte Prestigeobjekte. 1931 wurde sogar ein V-12-Zylinder mit 6 Liter Hubraum und 120 PS Leistung unter der Bezeichnung 600 und 670 zu Preisen zwischen 23500 und 26000 Reichsmark verkauft (Abb. oben). Aber die Kundschaft mochte den Zwölfzylinder nicht so sehr – es wurden ganze 81 Exemplare verkauft.

Der größte Konkurrent auf dem Luxuswagenmarkt jedoch war die in Friedrichshafen am Bodensee ansässige Firma Maybach. Sie wurde 1909 von Graf Zeppelin gegründet, der hier eine Fabrik für Luftschiffmotoren haben wollte und sich als Chefkonstrukteur Karl Maybach holte, den Sohn von Wilhelm Maybach.

Karl Maybach war ein würdiger Sohn seines Vaters und schuf in der Zeit von 1914 bis 1918 den ersten Höhenflugmotor und 1923 den ersten schnellaufenden Dieselmotor. Da Maybach – wie so viele andere Flugzeug- und Flugmotoren-Pioniere – nach dem Krieg keine Arbeit auf seinem Spezialgebiet mehr leisten durfte, wandte er sich

Ein Traumwagen aller Leinwandgrößen:
Der Packard gehörte in den 30er Jahren zum Muß eines jeden Hollywood-Stars. Hier ist Jean Harlow vor ihrem viersitzigen Kabrio zu bewundern.

dem Automobilbau zu und schuf von 1922 bis 1941 rund 2100 Automobile, die bis zum heutigen Tag Maßstäbe für Verarbeitung und Qualität setzen.
In Friedrichshafen wurden nur Sechs- oder Zwölfzylinder gebaut (Abb. Seite 115); am Anfang stand ein 5,7-Liter-Reihen-Sechszylinder mit 70 PS Leistung, einer Höchstgeschwindigkeit von 105 km/h und Preisen zwischen 22600 und 33400 Reichsmark. Ursprünglich war dieser Motor für den Antrieb von Booten und für den Verkauf an andere Produzenten entwickelt worden – da jedoch nur die holländische Firma Spyker rund 150 Exemplare bestellt hatte und andere Aufträge ausblieben, begann man dann selbst mit dem Bau von Automobilen.
Von Anfang an wurde auf außergewöhnliche Technik Wert gelegt: Vierradbremsen waren bereits selbstverständlich, und der ungewöhnlich elastische Motor ließ ein »Fahren ohne Schaltung« zu. Dabei sorgte ein extra starker Elektro-Anlasser für das Anfahren, anschließend konnte der Fahrer durch einen Tritt aufs Gaspedal zum normalen Motorantrieb übergehen. Nur für extrasteile Bergstraßen und zum Rückwärtsfahren gab es ein zweistufiges Planetengetriebe. Diese ungewöhnliche Technik wurde erst 1926 – also nach vier Jahren Produktion – auf Wunsch durch ein Vierganggetriebe ersetzt. Ein weiteres interessantes Detail des Sechszylinders: Er besaß bereits eine Doppelzündung – hier gab es also zwei Zündkerzen pro Zylinder für die Zündung des Benzin-Luftgemischs (Abb. Seite 85).
Neben diesen Marken gab es noch andere, kleinere Produzenten, die mit Achtzylindermodellen auf den Luxuswagenmarkt drängten. Die Adler-Werke, die 1880 gegründet worden waren, hatten 1906 mit der Produktion von Automobilen begonnen, hatten 1914 bereits einen Marktanteil von 20 Prozent und überstanden auch die Krisen der Nachkriegszeit dank ihrer hervorragenden Klein- und Mittelklassewagen. In den zwanziger Jahren lagen sie stets auf Platz drei oder vier

Das teuerste und luxuriöseste Modell der im November 1935 vorgestellten Peugeot-402-Modelle war das »Cabriolet transformable électriquement« – das 34500 Franc kostete. Das Blechdach war komplett im Kofferraum versenkbar.

Wer es in den 20er und 30er Jahren zu einem »Kompressor«-Mercedes gebracht hatte, war gesellschaftlich auf der Höhe. Dieses Plakat von 1930 preist den Typ »SS« an, der 200 PS leistete, nur als Fahrgestell bereits 31000 Reichsmark kostete und heute zu den größten Raritäten überhaupt zählt.

bei den Zulassungszahlen, und da war es dann kein Wunder, daß Dr.e.h. Otto Göckeritz, der als technischer Vorstand für die Produktpalette zuständig war, auch einen Achtzylinder sehen wollte.
1928 wurde der Adler Standard 8 (Typ 15N) vorgestellt, dessen 3,9-Liter-Reihen-Achtzylinder anfangs 70 PS und ab 1931 bis zur Produktionseinstellung 1933 80 PS leistete. Für den Vortrieb sorgte ein Dreiganggetriebe und für den recht erfolgreichen Verkauf (immerhin wurden 1720 Fahrzeuge ausgeliefert) der günstige Preis von 9750 Reichsmark. Dafür gab es zwischen 100 und 105 km/h und auf Wunsch eine Karosserie des berühmten Architekturprofessors Walter Gropius, der Leiter des Bauhauses in Dessau war. Gropius, ein persönlicher Freund des Firmengründers Heinrich Kleyer, erklärte sich bereit, eine elegante Zweckform zu entwickeln, die möglichst lange zeitlos bleiben sollte.
Im Oktober 1930 war auf dem Pariser Autosalon der erste Gropius-Wagen zu sehen, der auf Anhieb weltweite Publizität für die Adler-Werke brachte. Leider gab es jedoch kaum Kaufinteressenten; nur zwei Limousinen, die bei Neuß, und drei Kabrioletts, die bei Karmann gebaut wurden, entstanden. Dazu kam noch eine Limousine, die auf das Fahrgestell eines Standard A 6 gesetzt wurde.
Adler baute noch bis 1940 Automobile – insgesamt verließen 212624 Fahrzeuge die Fabrikhallen. Obwohl nach dem Zweiten Weltkrieg die Autoproduktion noch einmal anlaufen sollte, entschloß sich Generaldirektor Ernst Hagemeier, dies sein zu lassen. Und da er auch auf den Fahrradbau verzichtete, eine Motorrollerproduktion viel zu spät anlaufen ließ und die verbleibende Werkzeugmaschinenfabrik nach hohen Verlusten an Grundig verkaufen mußte, ging er als der Liquidator der Adler-Werke in die Geschichte ein. Die Adler-Werke gehören übrigens mittlerweile der Volkswagen AG in Wolfsburg und produzieren nun Büromaschinen.
Kurz bevor die Opel-Brüder ihren Besitz an General Motors verkauften, hatten sie sich ebenfalls an einem Luxuswagen versucht. Der 24/110-PS-»Regent« hatte einen 6-Liter-Reihen-Achtzylinder, dessen 110 PS mittels eines Maybach-Getriebes an die Hinterachse gebracht wurden. Es gab drei verschiedene Karosserievarianten zur Auswahl: einen siebensitzigen Tourenwagen für 19500 Reichsmark, einen schicken zweisitzigen Roadster für 20000 Reichsmark und eine Pullman-Luxuslimousine für 21000 Reichsmark. Und wer sich seine ganz spezielle Karosserie machen lassen wollte, konnte auf das Fahrgestell für 15000 Reichsmark zurückgreifen. Leider hatte dieser Opel-Traumwagen einen Nachteil: Als die Amerikaner 1929 Opel übernahmen, wollten

sie kein Konkurrenzmodell zu ihren eigenen großen Modellen im Opel-Programm. Und so wurden alle 25 gebauten Opel Regent von den neuen Besitzern zurückgekauft und verschrottet.
Bemerkenswert war auch die Geschichte des Hauses Röhr: Hans Gustav Röhr, 1895 geboren, war im Ersten Weltkrieg Jagdflieger und Flugmotorenkonstrukteur gewesen und konnte zu Beginn der zwanziger Jahre dank seiner persönlichen Beziehungen zur Familie Stinnes die ehemaligen Falcon-Werke bei Darmstadt erwerben.
Die Röhr-Auto AG baute Reihen-Achtzylinder von 2 bis 3,3 Liter Hubraum mit Leistungen von 40 bis 75 PS – dazu kam 1934 noch eine Kompressor-Version, deren 100 PS für eine Höchstgeschwindigkeit von 135 km/h sorgten. Von diesem Röhr 8 »Olympier« wurden jedoch nur etwa 20 Exemplare montiert. Obwohl die Motoren viel zum Ruf des Hauses beitrugen, war die eigentliche Domäne das Fahrwerk – der Tiefbett-Kastenrahmen, die Schwingachsen, die tiefliegende Karosserie und der günstige Schwerpunkt, der

Der Renault Typ »RM« sollte mit seinem Achtzylinder-Motor (7125 ccm Hubraum) und 145 km/h die Interessenten der Luxus-Klasse in die Verkaufsräume locken – hier ein Modell von 1934.

Von 1894 bis 1925 wurden bei der Firma Haynes Automobile hergestellt. Haynes und Duryea waren die beiden ersten Auto-Produzenten in den USA. Beide begannen mit einfachen Einzylinder-Modellen. Duryea war bereits 1915 bankrott – Haynes überlebte zehn Jahre länger. Diese Werbung stammt von 1920.

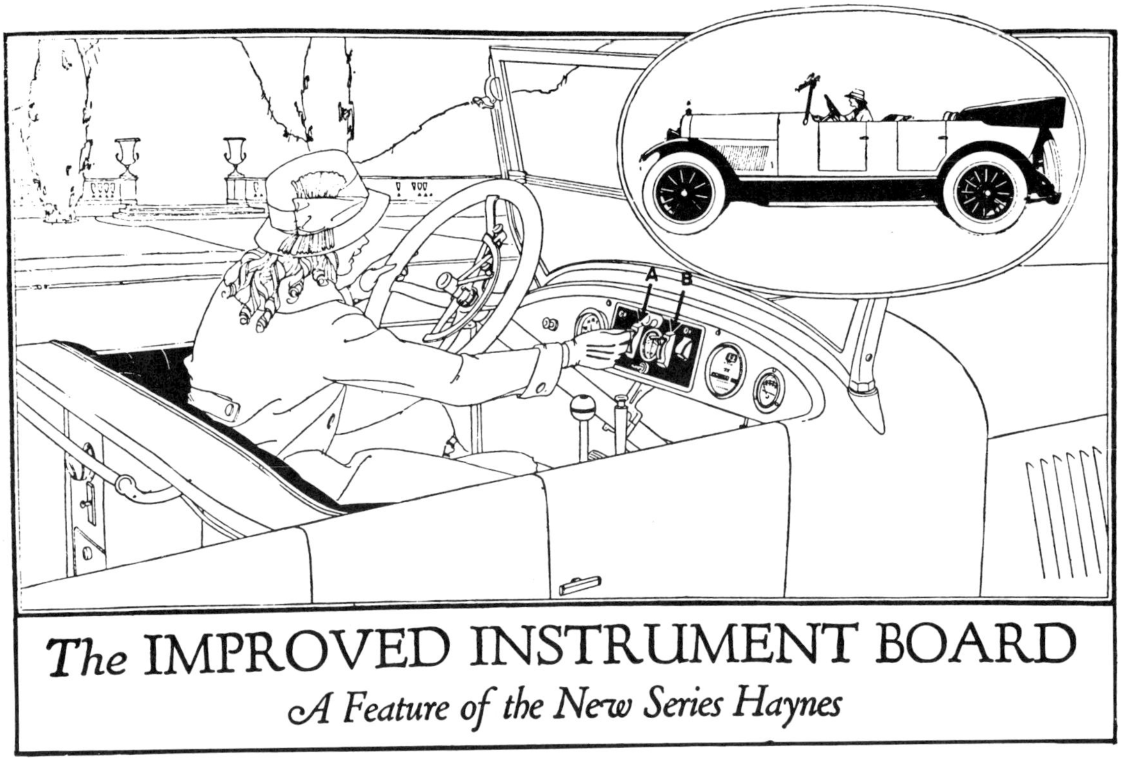

nicht zuletzt durch die Plazierung der Rücksitze vor der Hinterachse zustande gekommen war, sorgten für eine Straßenlage, die zu dieser Zeit keine Konkurrenz hatte.
Röhr hatte 1931 das Unternehmen verlassen müssen, da es praktisch zahlungsunfähig war. Er ging zu Adler, entwarf dort die sehr erfolgreichen Trumpf- und Trumpf-Junior-Modelle und brachte schließlich 1935 als Entwicklungschef bei Daimler-Benz den Typ 230 zum Abschluß. Er hatte sich auch bei Daimler darum bemüht, vom Vorstand einen Wagen mit Frontantrieb genehmigt zu bekommen – sein überraschender Tod im August 1937 beendete jedoch alle Pläne des Fronttrieb-Daimlers.
Bleibt bei den deutschen Herstellern von Luxuswagen noch die Stettiner Marke Stoewer, die ab 1899 Automobile gebaut hatte. 1916 wurde das Unternehmen in eine AG umgewandelt, bei der die beiden Brüder Emil Stoewer (1873 – 1942) und Bernhard Stoewer (1875 – 1937) zum Generaldirektor bzw. zum Technischen Direktor bestellt wurden. 1919 startete die Produktion wieder, zuerst mit Vierzylinder-Modellen. Und 1928 war es dann soweit: Der erste Stoewer-Achtzylinder mit 2 Liter Hubraum und 45 PS Leistung wurde vorgestellt. Rasch wuchs der Hubraum bis auf 5 Liter an, die Leistung betrug nun 100 PS, und das Sport-Kabriolett kostete stolze 17000 Reichsmark. Die Typen Stoewer »Gigant«, »Marschall« und »Repräsentant« gehörten, was Verarbeitung und Technik betraf, zweifellos zur Extraklasse – anfänglich wurden auch, trotz der hohen Preise, gute Stückzahlen erreicht: Der Gigant kam auf 650 Exemplare, der Marschall noch auf 280.
Trotzdem lohnten sich diese teuren Fahrzeuge finanziell nur schlecht – es war hauptsächlich der Prestigegewinn, der die Stoewer-Brüder dazu bewog, sich auf diese Modelle einzulassen. Mitte der dreißiger Jahre beschränkte man sich dann auf Vier- und Sechszylinderfahrzeuge – dazu kam noch eine große Produktion an Wehrmachts-Geländewagen.
In den anderen europäischen Ländern hatten sich ebenfalls einige Hersteller auf dem Luxusmarkt durchgesetzt – da ist an erster Stelle der »Zauberer von Molsheim«, Ettore Bugatti, zu nennen, der sich Herbst 1909 mit der finanziellen Unterstützung eines befreundeten spanischen Bankiers in dem elsässischen Städtchen Molsheim selbständig gemacht hatte. Von dort aus eroberte er sich den Ruf, die schönsten und aufregendsten Autos der Welt zu bauen. Für Ettore

Wilhelm Maybach war der kongeniale Partner von Gottlieb Daimler, er entwickelte unter anderem den Spritzdüsen-Vergaser. Sein Sohn Karl gründete in Friedrichshafen ein eigenes Werk, in dem zuerst Luftschiffmotoren und später Luxus-Automobile gebaut wurden. Am Steuer dieses Roadsters aus dem Jahr 1928 sitzt Herr Jean Robert Gerling.

Bugatti waren die Begriffe Automobil und Kunst zu einer Einheit geworden. Schon Großvater und Vater waren in Mailand Künstler gewesen, sein Bruder Rembrandt Bugatti war einer der begabtesten Bildhauer und war durch seine Tierplastiken bekannt geworden.

Ettore gestaltete seine Fahrzeuge wie Kunstwerke: Auch die Teile, die von außen nicht sichtbar waren, mußten seinen ästhetischen Ansprüchen genügen. Das Fahrwerk, der Motor, der Innenraum, die Karosserie – alles wurde so gestaltet, wie es ihm gefiel. Wenn andere Techniker mittlerweile Neues gefunden hatten, war das für Bugatti noch lange kein Grund, auch seine Wagen damit auszustatten. Die Automobile wurden verteilt: Wer nicht die Manieren besaß, die Ettore Bugatti von einem Bugatti-Fahrer erwartete, bekam eben keinen Wagen.

Als sich einmal ein Besitzer in Molsheim beschwerte, daß sein Wagen bei niedrigen Außentemperaturen nur schwer anspringe, bekam er zur Antwort: »Der Käufer eines Bugattis sollte sich auch eine heizbare Garage leisten können«, und als sich ein anderer Kunde über die seiner Meinung nach unterdimensionierten Bremsen beschwerte, erreichte ihn folgender Brief: »Ich halte die Bremsen nicht nur für ausreichend, sondern sogar für hervorragend – sollten Sie eine andere Meinung vertreten, stelle ich es Ihnen anheim, den Wagen zu verkaufen.« Natürlich behielt der Kunde den Wagen.

Von 1910 bis 1945 stellte Bugatti 46 verschiedene Typen her, und obwohl davon nur 19 Modelle ausdrücklich als Grand-Prix- oder Rennwagen ausgewiesen wurden, hatte jedes einzelne Fahrzeug mehr Rennerfahrung in sich als die meisten sogenannten Sportwagen dieser Zeit.

Mit diesem schmucken Roadster begann die Firma Jaguar ihre Laufbahn: Der SS 100 besaß einen 3,5-Liter-Sechszylinder und erreichte 100 Meilen pro Stunde (daher auch die Bezeichnung 100).

Nur zeitgenössische Illustrationen vermögen noch einen Eindruck von der Eleganz der 20er und 30er Jahre zu geben. Die Zeichnung stammt von Hans Liska.

Nur selten gab es bei einem Produzenten eine so direkte Verzahnung zwischen Serien- und Rennwagenproduktion. Was sich im Rennen bewährt hatte, wurde direkt an den Kunden weitergegeben. Die Käufer schätzten diese Verzahnung von filigraner Renntechnik und Alltagstauglichkeit.

Obwohl vereinzelt auch Vierzylindermotoren auftauchten, stellte Bugatti normalerweise nur Achtzylinder her, mit Hubräumen von 2 bis 5 Liter, mit Leistungen bis zu 200 PS – gekleidet in faszinierende Karosserien, die ab Mitte der dreißiger Jahre von Jean Bugatti, dem Sohn des »Magiers«, entworfen wurden. Als Jean Bugatti im August 1939 bei der Probefahrt mit einem Typ 57 SC – einem 3,3-Liter-Achtzylinder mit Kompressor – einem betrunkenen Fahrradfahrer ausweichen wollte und dabei tödlich verunglückte, begann der Vater zu resignieren. Nach dem Zweiten Weltkrieg sollte noch einmal mit der Produktion in Molsheim begonnen werden, sie kam jedoch nicht mehr zustande; ein paar Einzelstücke wurden noch gebaut, dann war auch diese Legende am Ende.

Es gab Zeiten, da boten Kabrios die billigste Möglichkeit, Auto zu fahren. Wer eine Limousine wollte, mußte Aufpreis bezahlen. Dieses Renault Monaquatre Cabriolet stammt aus dem Jahr 1934.

In Italien waren zwei Konkurrenten erwachsen: Der bereits erwähnte Vincenzo Lancia erstaunte mit dem Lambda, darauf folgte der Dilambda, dessen 4-Liter-Achtzylinder über eine obenliegende Nockenwelle und 100 PS verfügte. Der Astura war Mitte der dreißiger Jahre ein Traumwagen, auf dessen Fahrgestell viele Karosseriefirmen Meisterwerke schufen (Abb. Seite 88); und mit der Aprilia (Abb. rechts) setzte Lancia einen Meilenstein für Aerodynamik und Fahrwerk.

Dazu hatte sich seit dem Jahr 1920 die Firma Alfa Romeo gesellt, die rasch für ihre rassigen Sportwagen berühmt wurde. Da diese Mailänder Firma sofort auf allen Rennstrecken antrat und Dutzende von Siegen errang, wurden die Wagen dieses Hauses zu Statussymbolen par excellence. Die 3-Liter-Sechszylinder (Abb. Seite 76) und der Sport-Spider 6 C 1750 Zagato gelten bis zum heutigen Tag als Meilenstein der Sportwagen-Geschichte.

Aber auch die Franzosen hatten einiges zu bieten: Renault baute mit dem über fünf Meter lan-

Vincenzo Lancias letztes Meisterwerk: Lancia Aprilia, eines der ersten Modelle mit aerodynamisch durchgeformter Karosserie.

Auf der Basis des Lancia Astura (mit einem 3-Liter-Achtzylinder und 82 PS Leistung) machte ein Herr Farina – der sich später mit der Erlaubnis des italienischen Staatspräsidenten den Namen »Pininfarina« zulegen durfte – eines der schönsten Kabrios der Vorkriegszeit; es stammt von 1937 und bekam den Namen »Bocca« nach dem Namen des Lancia-Händlers, der ihn bei Farina in Auftrag gegeben hatte.

gen 40 CV ein Spitzenmodell, das sich allerdings nur die wenigsten leisten konnten. Deshalb gab es auch anschließend die luxuriösen Sechs- und Achtzylinder-Modelle mit den schönen Namen »Primastella«, »Reinastella« (Abb. Seite 83) und »Nervastella«. Der »Reinastella« hatte einen 7,1-Liter-Reihen-Achtzylinder (Bohrung × Hub: 90 × 140 mm) und etwa 125 PS. Diese Leistung wurde benötigt, denn allein das Fahrgestell wog 1780 Kilogramm. Mit den entsprechenden Aufbauten (die zumeist sehr repräsentativ ausfielen) kamen dann leicht zwischen 2,5 und 3 Tonnen Leergewicht zusammen. Gebremst wurde übrigens mit vier Trommelbremsen, und es war gut, wenn sich der Fahrer dieser Tatsache stets bewußt war.
Ursprünglich hatte der Wagen »Renahuit« (für »Renault – acht Zylinder«) geheißen; dann entschloß sich Louis Renault jedoch, das Beiwort »Stella« für alle Luxusmodelle anzuwenden, und dieser Entschluß wurde konsequent durchgeführt.
Der »Reinastella« war 1932 das teuerste Modell bei Renault: 140000 Franc – gut 23000 Reichsmark – hatte der Kunde anzulegen. Es gab aber auch weniger teuere Möglichkeiten, mit acht Zylindern zu fahren. Der »Nervastella« kostete 48000 Franc, bot dafür 4 Liter Hubraum und 124 km/h Höchstgeschwindigkeit. Zehn km/h schneller war der »Nerva-Sport«, die Coupé-Version für 36000 Franc.
Neben den drei Achtzylinder-Modellen gab es noch drei Vierzylinder und drei Sechszylinder: »Monaquatre«, »Primaquatre« und »Vivaquatre« vertraten zu Preisen zwischen 18400 und 24500 Franc die Motorisierung mit vier Zylindern. Wer

Auch die Werkstätten machten Fortschritte – der Text: »Ein neuzeitlicher Werkstattwagenheber, der eine schnelle und allseitige Kontrolle des Wagens ermöglicht.«

sechs Zylinder haben wollte, mußte zwischen den Modellen »Monastella«, »Primastella« und »Vivastella« wählen, die zu Preisen zwischen 26500 und 33500 Franc angeboten wurden. Dieses Programm war die Basis, auf der Louis Renault seine Modellpalette vor dem Zweiten Weltkrieg aufbaute.

Citroën antwortete mit ausgefallener Technik: 1924 gab es hier die erste Ganzstahlkarosserie, 1926 die ersten Vierrad-Servobremsen und 1934 den legendären »Traction Avant«, der als »Gangster-Limousine« bis in die Mitte der fünfziger Jahre produziert wurde.

Peugeot schließlich brachte 1935 den avantgardistischen 402 auf den Markt, bei dessen teuerster Version das Coupédach mit einem Elektromotor komplett im Kofferraum versenkt werden konnte (Abb. Seite 81). Der 2-Liter-Vierzylinder leistete 55 PS und brachte Höchstgeschwindigkeiten bis 120 km/h. Natürlich gab es nicht nur das teure »Cabriolet transformable électriquement«, sondern auch eine viertürige Limousine und einen Kombi sowie ein Coupé und ein Kabrio. Die Preise dafür lagen zwischen 22900 und 34500 Franc. Wer eine besonders große Familie hatte (oder einen Taxi-Betrieb) konnte den 402 »Longue« nehmen, der für 29000 Franc einen extralangen Radstand und acht Sitzplätze bot.

Natürlich gab es auch schlichtere Modelle: Den Typ 401 oder den kleinen Typ 201, dessen 1,4-Liter-Motor 28 PS leistete und der für 14900 Franc – etwa 2500 Reichsmark – für viele leichter erschwinglich war.

In Deutschland und in England hatten die kleinen Karosseriefirmen hingegen noch Hochkonjunktur: Hier wurden die Fahrgestelle mit den Aufbauten versehen, die den Wünschen und Anforderungen der Kunden genau angepaßt wurden. Exklusivität wurde noch individuell erworben, wenn auch zu Preisen, die sich nur die wenigsten leisten konnten. Das erklärt auch die geringen Stückzahlen – und die schwindelerregenden Preise, die heute für so ein Juwel gezahlt werden müssen.

In den 30er Jahren begann MG auch damit, sportliche Limousinen zu produzieren: Dieser 2,6-Liter-Sports Saloon stammt aus dem Jahr 1938.

Die ersten Amerikaner

Während in Europa die Handwerkskunst noch Triumphe feierte, hatten Henry Ford I und seine Kollegen von General Motors längst begriffen, daß die Zukunft des Automobils in der Massenproduktion lag.
Das begann mit dem Ford-Modell T – von 1908 bis 1927 wurden rund 15 Millionen Exemplare montiert, alle schwarz und alle mit derselben Ausstattung. Als die Produktion dann auf das Modell A umgestellt wurde (Abb. Seite 60), standen die Fließbänder sechs Monate still, und Ford hatte zum ersten Mal auch die Nachteile der Serienproduktion gespürt. Schließlich konnte sich der Geschmack des Publikums schneller ändern als die Produktionseinrichtungen umstellbar waren. Ford, bis dato davon überzeugt, daß die Käufer gerne auf Individualität verzichteten, sofern nur der Preis günstig genug war, mußte umlernen. Beim Modell A gab es dann auch prompt verschiedene Farben und Karosserievarianten.
Ähnlich wie in Europa waren auch in den USA viele Hersteller nur allzu gerne bereit, dem Kunden jeden Wunsch von den Augen abzulesen. Und obwohl GM und Ford natürlich dominierten, gab es Platz für Firmen wie La Salle, Haynes und Auburn. Dazu kamen Cord und Duesenberg, Stutz und Chrysler, Cunningham und De Soto. Und da es den Rahmen sprengen würde, auch noch auf Kleinfirmen näher einzugehen, erwähnen wir nur, daß es auch noch Jordan und Du Pont, Hupmobile und Nash, Miller und Lincoln (dieser Luxuswagenproduzent ging 1922 in den Besitz von Ford über) sowie Marmon und Mercury gab – und rund ein Dutzend anderer Namen aus Platzgründen unerwähnt bleiben müssen.
Eine der faszinierendsten Persönlichkeiten dieser Jahre war der 1894 geborene Erret Lobban Cord, der innerhalb von wenigen Jahren durch unternehmerischen Wagemut drei Automobilfirmen (Auburn – Cord – Duesenberg) und eine stattliche Reihe anderer Unternehmen, darunter die Lycoming-Flugmotoren-Gesellschaft, American Airlines, die Stinson Aircraft Comp. und die New York Shipbuilding Comp., sein eigen nennen konnte.

Der erste Cadillac mit einem 16-Zylinder-Motor wurde im Jahr 1930 produziert.

Die Zigarettenfirma John Player & Sons veröffentlichte in den 30er Jahren Auto-Sammelbilder, die den Zigarettenschachteln beigelegt waren.

Dieses Imperium gehörte ihm, bevor er 35 geworden war – und er realisierte eine Anzahl bemerkenswerter Wagen, die von der Stunde ihrer Auslieferung an Klassiker waren. Die Firma Auburn beispielsweise, 1900 von den Brüdern Frank und Morris Eckhart in Auburn (Indiana) gegründet, hatte mit wechselndem Erfolg Sechszylinder-Modelle verkauft, bis Cord Anfang der zwanziger Jahre zuerst als General-Manager und dann als Besitzer die Geschicke übernahm. Zwar waren die alten Auburn-Modelle nie übermäßig teuer gewesen – sie lagen etwa auf der Ebene von Buick und Oldsmobile –, aber sie wurden von Individualisten bevorzugt, die sich an das sportliche Design gewöhnt hatten und das Auburn-Image liebten.

Cord perfektionierte diesen Ruf, indem er den Auburn-Modellen einen 4,8-Liter-Reihen-Achtzylinder verpaßte und rasch auch eine Anzahl der aufregendsten Karosserien dieser Jahre kreierte: So gilt der Auburn Speedster des Jahres 1928 mit seinem spitz zulaufenden Bootsheck und seinen 115 PS – Höchstgeschwindigkeit knapp 180 km/h! – bis heute als Inbegriff des Automobils der zwanziger Jahre. 1929 wurden dann auch prompt über 22 000 Fahrzeuge des Hauses Auburn verkauft. Zwar sank der Verkauf im Jahr darauf unter die 14 000-Wagen-Grenze; Cord wußte jedoch, was die Kundschaft wollte: Leistung und Optik. Und er bot eine Garantie, daß jeder Wagen die 100-Meilen-Grenze (160 km/h) erreichte, und eine Auswahl neuer, noch aufregenderer Karosserien. Der Erfolg: 1931 wurden 28000 Auburns verkauft. Und da Cord auch die Lycoming-Flugzeugmotorenwerke gehörten, baute er auf Wunsch auch einen 6,4-Liter-Zwölfzylinder dieses Hauses ein – aber das war der Mehrzahl der Kunden dann doch zuviel Leistung. Kurz vor der Produktionseinstellung im Jahr 1936 – Cord hatte sich finanziell übernommen – entwarf dann der Designer Gordon Buehrig noch den 851/852 Speedster, dessen verchromte Auspuffrohre bis zum heutigen Tag das Kennzeichen eines jeden Oldtimer-Nachbaus geworden sind.

Die zu GM gehörende Firma Pontiac war nach einem stolzen Indianerhäuptling benannt worden – dieses Kabriolett stammt aus dem Jahr 1934.

1904 bis 1934 existierte die berühmte italienische Marke Itala, die nicht nur das Drei-Monat-Rennen Peking–Paris gewonnen hatte, sondern auch berühmte Werbegrafiker für sich arbeiten ließ: Werbung von 1923.

Gordon Buehrig war es auch, der mit dem Cord 812 Design-Geschichte geschrieben hat (Abb. Seite 93). Zuvor hatte die Marke, die zwischen Auburn und der Luxus-Marke Duesenberg angesiedelt war, mit ihren 5-Liter-Reihen-Achtzylindern und 125 PS eher den Geschmack wohlsituierter Kunden getroffen. Der frontgetriebene Typ 812 war – mit seinen versenkbaren Scheinwerfern – jedoch eher in der Lage, die Individualisten zu befriedigen. Und von denen gab es nicht so viele. Da auch die Top-Marke Duesenberg kaum Gewinn erwirtschaftete, mußte E. L. Cord gegen 1937 seine Geschäfte einstellen.

Fred Duesenberg, ein gebürtiger Deutscher, hatte 1920 damit begonnen, Fahrzeuge von außerordentlicher Qualität zu bauen, die bereits im Jahr darauf den Großen Preis von Frankreich gewannen. Fred, der von seinem Bruder August unterstützt wurde, hatte mit Boots- und Flugmotoren viel Erfahrung gesammelt, bevor er sich an den Bau des 4,2-Liter-Achtzylinders wagte, der bereits über 100 PS und die ersten hydraulischen Vierrad-Bremsen der Welt verfügte. Die beiden Brüder konnten zwar Automobile bauen, die Leistung und Zuverlässigkeit besaßen – sie hatten jedoch Schwierigkeiten mit dem Kaufmännischen. Und E. L. Cord kaufte die Firma 1925 – er veranlaßte die Konstruktion der Modelle J (1929 – 1937) und SJ (1932 – 1937).

Mit diesen Reihen-Achtzylindern, die damals mit ihren 265 PS (Typ J) und 320 PS (Typ SJ) die stärksten Automobile der Welt waren, wurden die Duesenberg-Modelle unsterblich. Sie besaßen bereits zwei obenliegende Nockenwellen und vier Ventile pro Zylinder, und der SJ hatte einen Kompressor, wie es das »S« für »Supercharger« in der Typ-Bezeichnung zeigte. Die Verarbeitung war über jeden Makel erhaben – nicht umsonst wurden die Duesenbergs als die »Bugattis der USA« bezeichnet.

Natürlich waren sie auch nahezu unbezahlbar, und daraus resultierten Stückzahlen, die heute für Schlagzeilen sorgen, wenn einmal eines dieser Fahrzeuge zur Versteigerung gelangt – der Rekord steht derzeit auf rund 800000 Dollar.

Hollywood war geradezu Duesenberg-besessen:

Marjorie Stanley und Arthur Manning führten 1936 vor den laufenden Kameras das neueste Modell des frontgetriebenen Cord vor – ein Wagen, der auch Design-Geschichte gemacht hat.

Groucho Marx besaß einen Mercedes SSK, der junge Clark Gable einen SJ – und beide fuhren an einem sonnigen Vormittag nach Nevada in die Wüste, um zu sehen, wessen Wagen schneller sei – Clark Gable gewann. Auch Greta Garbo hatte natürlich einen SJ. Als E. L. Cord dann Bankrott anmelden mußte, waren die Tage dieser Marke gezählt.

La Salle sollte unter der Luxus-Marke Cadillac für einen größeren Umsatz sorgen, und von 1927 bis 1940 gab es diverse V8- und Reihen-Achtzylinder im Angebot – die Hubräume lagen zwischen 5 und 6 Liter, die Leistungen bewegten sich in der 200-PS-Ebene, und die Karosserien kamen aus den besten Häusern. Trotzdem wurde die Produktion 1940 eingestellt; wer Geld hatte, wollte einen Cadillac fahren und keinen La Salle (Abb. Seite 75).

Haynes war einer der ersten Autoproduzenten in den USA; der Gründer Elwood Haynes hatte 1898 in Kokomo (Indiana) seine Firma eröffnet und mit verschiedenen Zwei- und Vierzylinder-Modellen einen guten Marktanteil erobert, als er 1907 bereits den ersten V12-Motor präsentierte, der aus zwei Reihen-Sechszylindern im Winkel von 60° zusammengebaut worden war. Dieser 6-Liter-Motor blieb dann bis zum Jahr 1921 im Programm – es folgte noch ein 5,2-Liter-Reihen-Sechszylinder –, und 1925 wurde die Firma wegen zu hoher Verbindlichkeiten geschlossen (Abb. Seite 84).

Eines der ersten Fahrzeuge mit Stromlinienform war der Cadillac des Baujahrs 1934 – es war zugleich der erste amerikanische Wagen, der das Reserverad im Kofferraum mitführte.

»Quality at low cost« – mit diesem Slogan wurde die Firma Chevrolet zu einem der größten Produzenten der Welt.

Bild unten: Das Ende einer Ära: Mit diesem Serie 90 Fleetwood stellte Cadillac 1940 die Produktion der 16-Zylinder-Fahrzeuge ein. Ganze 51 Exemplare wurden in diesem Jahr noch montiert.

Bemerkenswert war auch der Erfolg von Harry Stutz aus Indianapolis. Er hatte 1900 in fünf Wochen einen Rennwagen gebaut, mit dem er die Qualität seiner Getriebe und Hinterachsen demonstrieren wollte. Da er bei der ersten Ausgabe des berüchtigten »500-Meilen-Rennens« gleich auf Platz 11 kam, beschloß Stutz, komplette Autos zu bauen, und nicht nur Lieferant zu sein.
Die Produktion von »Straßen«-Wagen begann 1911 – bis dahin waren nur »Renn«-Wagen zum Verkauf angeboten worden. Der »Bearcat« (Abb. Seite 52) galt 1913 als der Sportwagen des jungen und vermögenden Herrn. Stutz wußte, wie man für gutes Image sorgte; er montierte in äußerlich absolut serienmäßig aussehende Fahrzeuge Hochleistungs-Triebwerke, die der Kunde niemals kaufen konnte, und siegte bei einem Rennen nach dem anderen. So stellte 1916 ein Bearcat einen neuen Rekord für die Durchquerung der USA auf: Er benötigte nur noch 11 Tage und 7,5 Stunden. 1919 mußte Harry Stutz sein Unternehmen verlassen, das dann durch mehrere Hände ging, bevor 1925 Frederick E. Moscovics neuer Besitzer wurde. Unter seiner Herrschaft konnte der belgische Konstrukteur Paul Bastien, der in Brüssel bei Métallurgique gearbeitet hatte, einen 4,7-Liter-Reihen-Achtzylinder entwickeln, der zusammen mit den vier hydraulischen Bremsen und der Frontscheibe aus Sicherheitsglas Maßstäbe setzte. Ein Stutz-Black-Hawk-Speedster wurde noch 1928 beim 24-Stunden-Rennen von Le Mans Zweiter – bis 1935 gab es Motoren mit zwei obenliegenden Nockenwellen und eine vom Werk garantierte Höchstgeschwindigkeit von 100 Meilen (160 km/h).
Die zwei obenliegenden Nockenwellen hatte übrigens Harry Miller aus Los Angeles eingeführt, der von 1915 bis 1932 nur Rennwagen baute (wenn man von zwei Sportwagen auf speziellen Kundenwunsch absieht – die beide über V16-Zylinder-Motoren verfügten). Der berühmte Ettore Bugatti tauschte zwei dieser Miller-Rennwagen gegen drei seiner Fahrzeuge ein, als er sie 1929 beim Großen Preis von Italien in Monza ge-

sehen hatte. Ein Jahr später kam dann der Bugatti Typ 50 auf den Markt, der erste Bugatti mit zwei obenliegenden Nockenwellen.
GM und Ford beschränkten sich auf Großserienprodukte: Natürlich kamen bei den Luxus-Firmen Cadillac (GM) und Lincoln (Ford) auch technologische Neuerungen zum Einsatz. Technische Eskapaden leisteten sich aber zumeist die kleinen Hersteller – die dafür auch alle bankrott gingen. Allerdings war Cadillac der erste Hersteller, der sich 1930 an den Bau von V16-Zylinder-Motoren machte (Abb. Seite 90) und sie bis zum Jahr 1940 im Modell-Programm hatte. 4374 Exemplare wurden nur gebaut, davon ganze 51 Stück im Jahr 1940 (Abb. Seite 94).
Die 1920 gegründete Firma Lincoln, die rasch in den Besitz von Henry Ford I übergegangen war, baute von Anfang an nur Achtzylinder (zuerst mit 5,8 Liter Hubraum) – ab 1932 gab es dann auch Zwölfzylinder. Einen großen Teil des guten Rufs dieser Marke verdanken die Lincoln-Manager dem US-Präsidenten Calvin Coolidge, der 1923 sein Amt übernahm und einen Lincoln als Dienstwagen wählte. Seit dieser Zeit ist Lincoln die Hausmarke der amerikanischen Präsidenten, trotz aller Anstrengungen der Cadillac Comp., die dem Weißen Haus regelmäßig ihre Fahrzeuge anträgt.
Der Höhepunkt der Lincoln-Baureihe war stets die »Continental«-Version, erstmals 1940 in 350 Coupés und 54 Kabrioletts gebaut. Dieser Klassiker wurde noch von einem Zwölfzylindermotor angetrieben, der bis 1948 im Programm blieb. Die späteren Continental-Modelle bekamen dann Achtzylindermotoren mit bis zu 8 Liter Hubraum. Die Stückzahlen bei Lincoln, waren – für amerikanische Verhältnisse – stets sehr niedrig: Mehr als 35000 Exemplare wurden auch in den besten Jahren nicht verkauft, eher weniger. Dafür waren sie allerdings etwas teurer als die Konkurrenz. Und so gelten die Lincoln-Modelle noch heute in den USA als die feinere Wahl.

Das erste Fahrzeug mit einem Automatik-Getriebe und einer (gegen Aufpreis lieferbaren) Zweiton-Lackierung war 1940 der Oldsmobile Series 90.

»Volks«-Autos werden populär

Der KdF-Wagen (Kraft durch Freude) wurde als Paradestück der nationalsozialistischen Motorisierungspolitik vorgeführt. Hier durften am 31. August 1938 die Besucher des Treptower Volksfests den Käfer besichtigen, der für 999 Reichsmark verkauft werden sollte.

Die ersten Autos waren teuer: Man mußte zwar nicht unbedingt Millionär sein, um sich eines in die Garage stellen zu können – aber zumindest einigermaßen gut betucht.
Natürlich wollten die Hersteller für die Masse produzieren, und sie benötigten die Reichen und die Wohlhabenden, um eine Massenproduktion finanzieren zu können. So dauerte es rund zwanzig Jahre, bis die ersten »Voituretten« oder »Light Cars«, wie sie in Frankreich und England genannt wurden, ins Angebot kamen. Rover, Sunbeam und Chater-Lea waren die Hauptvertreter auf der britischen Insel; bei Peugeot hatte Ettore Bugatti mit der Entwicklung des Typs Bébé die Weichen gestellt.
Alle diese Fahrzeuge hatten einen knappen Innenraum, eine nur mäßige Straßenlage und ein bescheidenes Triebwerk. Meist sorgte ein Ein- oder Zweizylinder-Motorradmotor mit 10 oder 12 PS für den Vortrieb. Daß diese Motoren speziell für den Wagen konstruiert wurden, war nur selten der Fall; der Bébé-Vierzylinder blieb mit seinen 10 PS die große Ausnahme.

Nach dem Ersten Weltkrieg gab es dann einen Boom an Kleinwagen: Die meisten Produzenten allerdings mußten – trotz teilweise interessanter Lösungen – rasch wieder Bankrott anmelden. Der Grund lag darin, daß sie alle, als die Zeiten wieder normaler wurden, nicht das Kapital hatten, die Serienproduktion und das Händlernetz auf die Beine zu stellen, das der Kunde schnell als selbstverständlich voraussetzte.
Einige der vielen Firmen, die längst wieder vergessen sind: »Alfi«, die Akkumulatoren- und Automobilbau AG, bot kleine Personen- und Lieferwagen mit Benzin- oder Elektromotoren an; der Name stammte vom Chef des Unternehmens, Alex Fischer. »Arimofa«, Zweisitzer der ARI-Motorfahrzeug-GmbH (Plauen/Vogtland) mit Zweizylinder-Boxermotor (12 PS) und vorne mit Einzelradaufhängung. Die »Bayerischen Automobilwerke« – BAW – bauten von 1923 bis 1924 in Pasing bei München 15 PS starke Drei- und Viersitzer mit automatischem Getriebe. Die »Bleichert Transportanlagen GmbH« in Leipzig montierte von 1936 bis 1939 einen kleinen Elektro-Personenwagen, dessen 600 Kilogramm schwere Batterie mit 80 Volt Spannung und 200 Ah Kapazität für eine Reichweite von 70 Kilometer und für die Höchstgeschwindigkeit von etwa 25 km/h sorgte. »Bully« und »Butz«, »Cyklon« und »Dehn« – die Angebots-Palette war beinahe unerschöpflich. »Diabolo« baute Dreiräder im Stil der britischen Morgan-Modelle. »Dorner« entwickelte bereits 1923 einen luftgekühlten V2-Zylinder für Schweröl (also eine eigene Version des Dieselmotors) mit 4,5 PS Leistung, die bei 1400 U/min abgegeben wurden – und verkaufte ganze 24 Exemplare. In Nürnberg war die Firma »Ferbedo« zu Hause, die 1923 eine Art Motorrad mit vier Rädern vorstellte, bei dem drei Passagiere hintereinander sitzen und die frische Luft genießen konnten – ein Jahr später war die Produktion bereits eingestellt. »Freia« baute schon 1923 einen 1,3-Liter-Vierzylinder mit Königswellen, einer komplizierten und – beim damaligen Stand der Technik – auch recht anfälligen Form der Nockenwellensteuerung. Der »Gasi« war ein

Der 1935 vorgestellte Opel Olympia war eine Pionierleistung in der Geschichte des Automobilbaus: Der 1,3-Liter-Vierzylinder war der erste Wagen mit einer selbsttragenden Ganzstahlkarosserie in Massenproduktion. Diese zweitürige Kabrio-Limousine erreichte 100 km/h und kostete 2500 Reichsmark.

Motorradwagen, der mit zwei hintereinander sitzenden Passagieren auf drei Rädern von einem luftgekühlten Zweizylindermotor angetrieben wurde. »Imperia« baute hervorragende Motorräder, bis der ehrgeizige Plan eines Stromlinien-Coupés, das von einem 750-ccm-Dreizylinder-Zweitakt-Sternmotor im Heck angetrieben werden sollte, rasch den Ruin herbeiführte.

Es gab nichts, was nicht versucht wurde: Die »Elektromobilwerke Kaha GmbH« im württembergischen Wasseralfingen probierten sich an einem Einsitzer mit Elektromotor, die Firma »Leichtauto« machte ihren Namen mit einem kleinen Zweisitzer alle Ehre, dessen selbsttragende Karosserie aus einem mit Kunstleder bespannten Stahlrohrgestell bestand; im Heck arbeitete ein Motorradmotor. »Moll« baute einen Primitiv-Wagen mit einem 200-ccm-DKW-Motor und zwei hintereinander plazierten Sitzen, und die Firma »Slaby-Behringer« rühmte sich im Jahr 1921, »Deutschlands kleinstes Auto« zu bauen. Für den Vortrieb sorgte ein 0,25 PS starker Elektromotor, für den Halt des Fahrers eine rahmenlose selbsttragende Sperrholzkarosserie.

Werner Oswald nennt in seinem Buch »Deutsche Autos 1920 – 1945« nicht weniger als 162 Klein- und Kleinst-Marken, die in dieser Zeit ihr Publikum suchten – und von denen nicht eine einzige überlebte.

Da hatten es die etablierten Firmen schon leichter; ihre Kundschaft blieb (zumeist) treu, das Händlernetz sorgte für einen geregelten Verkauf, und die Kinderkrankheiten, von denen neue Konstruktionen so gern befallen werden, beseitigte man rasch, schließlich war das Geld dafür vorhanden.

Einige dieser »Volks«-Wagen wurden bereits erwähnt: der DKW Typ P des Jahres 1928, dem der Typ F1 folgte (Abb. Seite 61), der werksintern unter der Bezeichnung »FA 600« lief. Hier wurde erstmals der Frontantrieb in einer größeren Serie verwirklicht: Angetrieben wurde der F1, der innerhalb von sechs Wochen entstanden war, von dem Zweizylinder-Zweitaktmotor des Typs P, dessen 15 PS hier 75 km/h brachten.

So geräumig ist der KdF-Wagen: Hier ein Bild aus einer neuen Schrift, die die Gesellschaft zur Vorbereitung des deutschen Volkswagens herausgegeben hat (Originaltext vom 12. August 1938).

Rasch gab es auch neben dem Roadster (Preis: 1750 RM) auch ein Kabrio (1985 RM), eine Kabrio-Limousine (2100 RM) und eine zweitürige Limousine (2400 RM). Die Preistafel zeigt auch deutlich, daß es damals teurer war, geschlossen zu fahren. Stets war das Kabrio oder der Roadster das billigste Modell im Angebot – wer Limousine fahren wollte, hatte kräftig draufzuzahlen. Wie haben sich da die Zeiten geändert: Heute ist es ein Luxus, Kabrio zu fahren.

1924 begann die Schweizer Messestadt Genf damit, einen Automobil-Salon zu etablieren. Hier der Entwurf für das erste Plakat des Waadtländer Malers Edouard Grin.

Unten: »Baby«, mit diesem liebevollen Spitznamen bedachten die Österreicher den Steyr Typ 55, hier die Stromlinien-Limousine von 1938.

Der »Laubfrosch« und das »Kommißbrot« wurden ebenfalls bereits erwähnt – auch sie waren Vorläufer der ersten wirklichen Großserienwagen. Während sich Hanomag nach dem »Kommißbrot« nicht mehr viel einfallen ließ, baute Opel auf der Basis des »Laubfroschs« eine ganze Modell-Palette auf mit immer besseren Ausstattungen und immer höheren Motorleistungen. Der Erfolg dieser Maßnahmen: Von 1924 bis 1931 wurden 119484 Exemplare ausgeliefert. Darauf folgten – je nach Fülle der zur Verfügung stehenden Brieftasche – ein 1,8-Liter-Sechszylinder mit 32 PS (Preise zwischen 2700 RM und 3950 RM) und ein 1,2-Liter-Vierzylinder mit 22 PS und Preisen zwischen 2000 RM und 2890 RM – bei letzterem Modell war allerdings ein Koffersatz im Preis mit inbegriffen.
Der endgültige Durchbruch zum »Volks«-Wagen wurde jedoch mit dem Opel Olympia geschafft, der 1935 als erster Wagen mit selbsttragender Ganzstahlkarosserie in Großserie ging (Abb. Seite 97). Im April begann die Produktion mit der Kabrio-Limousine (2500 RM), im September folgte zum gleichen Preis die geschlossene Limousine – und im Dezember waren bereits 33402 Exemplare bei den Kunden. Der 1,3-Liter-Vierzylinder leistete 24 PS, der Wagen fuhr 100 km/h schnell, und ab 1937 gab es dann auch (zum selben Preis) ein Vierganggetriebe. Die Kundschaft, die es gerne etwas kleiner hatte, konnte ab November 1936 auch den Kadett haben, der mit dem 1,1-Liter-Motor des P4 (23 PS) ausgestattet war und 400 RM billiger angeboten wurde. Bis zur Produktionseinstellung 1940 wurden 107608 Kadett und 167974 Olympia gebaut.
Gustav Röhr hatte, bevor er zu Daimler-Benz ging und dort einen Fronttrieb-Wagen entwickelte, der nie in Serie ging, bei der Firma Adler noch die Modelle Trumpf und Trumpf Junior mitentwickelt, die mit ihren 1,5- und 1,7-Liter-Vierzylindern (Trumpf) sowie 1-Liter-Vierzylindern (Trumpf Junior) rasch sehr beliebt wurden. Beide hatten Frontantrieb; sie zeichneten sich durch gute Straßenlage und durch günstige Verbrauchswer-

Einer der erfolgreichsten Kleinwagen aller Zeiten war der Fiat 500, der von 1936 bis 1948 in über 120000 Exemplaren gebaut wurde. Der Verkaufspreis betrug 1936 nur 8900 Lire.

te aus. Vom Trumpf Junior wurden über 100000 Exemplare montiert.
Die von Henry Ford I gegründete deutsche Tochter konnte vor dem Krieg solche Zahlen noch nicht aufweisen; schließlich lief die Produktion erst 1933 mit dem Ford »Köln« an, einem 1-Liter-Kleinwagen mit 21 PS Leistung zum Preis von 1990 RM. Dieses Modell war, zumal es von Ford-England entwickelt worden war, nicht nach dem Geschmack der Deutschen – 2453 Ford Köln wurden nur ausgeliefert. 1935 kam der Ford Eifel als Nachfolger auf den Markt, wiederum von den Engländern entwickelt, aber mit einer wesentlich besseren Optik, wurde er zum Erfolgsmodell: Der 34 PS starke 1,2-Liter-Wagen (2800 RM) verkaufte sich bis 1940 immerhin 61 495mal.
Der Ford Taunus hätte der Nachfolger werden sollen; er wurde jedoch erst im Juni 1939 vorgestellt, und bis 1942 konnten nur noch 7 100 Exemplare gebaut werden, dann war Produktionsschluß. Mit diesem Modell begann dann Ford nach dem Zweiten Weltkrieg, seinen Marktanteil zu erobern.
All diese Bemühungen um die Massenmotorisierung fanden jedoch bei den nationalsozialistischen Machthabern nur geteilten Beifall: Sie wollten den Volks-Wagen. Adolf Hitler hatte die Eckdaten klar festgelegt: Vier Personen sollten mit ihrem Gepäck bis 100 km/h schnell reisen können. Und der Preis durfte 1000 Reichsmark nicht überschreiten. Da die deutsche Automobilindustrie keinerlei Neigung zeigte, die eigene Produktion mit diesem Wagen zu gefährden, wurde der mittlerweile als freier Konstrukteur arbeitende Ferdinand Porsche – der bereits für NSU an einem ähnlichen Projekt gearbeitet hatte – mit der Realisierung beauftragt. Bei Daimler-Benz entstand eine Vorserie von 30 Wagen, die jeweils 80000 Kilometer problemlos zurücklegen mußten. Als das »KdF«-Auto – so die offizielle Bezeichnung nach der Freizeitorganisation »Kraft durch Freude« – diese Tortur hinter sich

Die Antwort der französischen Firma Renault auf die Kleinwagen-Frage war der Juvaquatre des Jahres 1937, dessen 1-Liter-Vierzylinder für 85 km/h sorgte. Das Leergewicht betrug 750 Kilogramm.

Leistung war auch 1926 bereits ein Thema für die Werbung – der Ford besaß offenbar den Kraftüberschuß, den die Kundschaft auch damals schon schätzte.

Diese zweitürige Opel-Kadett-Spezial-Limousine folgte im November 1936 als kleineres und schlichteres Modell dem Typ Olympia. Der 1,1-Liter-Vierzylinder leistete 23 PS, und der Verkaufspreis betrug 2100 Reichsmark.

gebracht hatte, wurden im Mai 1938 das Volkswagenwerk und die »Stadt des KdF-Autos«, das spätere Wolfsburg, gegründet (denn noch immer wollte kein anderes Werk dieses Kuckucksei übernehmen). Für den KdF-Wagen wurde die Werbetrommel kräftig gerührt (Abb. Seite 96 und 97); ein Sparkarten-System sollte für die Finanzierung sorgen. Bis Ende 1939 waren bereits 170000 Deutsche dem Ruf gefolgt: »Fünf Mark die Woche mußt du sparen, willst du im eigenen Wagen fahren!« Kein ziviles KdF-Auto sollte ausgeliefert werden; die gebauten Fahrzeuge wurden für den Krieg benötigt, der am 1. September 1939 ausgebrochen war.

Aber auch das europäische Ausland konnte Klein- und Volks-Wagen bauen: In Österreich entstanden zwar zumeist repräsentative und luxuriöse Fahrzeuge – von Austro-Daimler und Gräf & Stift beispielsweise, aber es gab auch die Firma Steyr, die 1920 mit der Automobil-Konstruktion begonnen hatte. Obwohl man sich bis zur Produktionseinstellung im Jahr 1941 hauptsächlich mit Sechs- und Achtzylindermotoren beschäftigt hatte (der Achtzylinder war natürlich von Ferdinand Porsche, der 1929 nach seinem Weggang von Daimler-Benz hier Chefkonstrukteur wurde), sollte der Typ 50/55 (Abb. Seite 98) ein bemerkenswerter Kleinwagen werden. Hier brachte ein 1-Liter-Vierzylinder-Boxermotor mit 25 PS Leistung 90 km/h. Der Preis betrug allerdings stolze 2950 RM, was der Beliebtheit des Fahrzeugs jedoch keinen Abbruch tat – es wurde liebevoll mit »Steyr-Baby« tituliert.

Daß die Franzosen und die Italiener Kleinwagen bauen konnten, wurde schon erwähnt: Für Fiat hatte der Chefkonstrukteur des Hauses, Dante Giacosa, von dem mittlerweile zum Senator ernannten Gründer Agnelli den Auftrag bekommen, einen sparsamen Kleinwagen zum Verkaufspreis von 5000 Lire zu entwickeln. Der Preis des Fiat Balilla betrug 11250 Lire, und dieser Vergleich macht klar, was da verlangt wurde: ein Kleinwagen, der weniger als die Hälfte des bis dato kleinsten Fiat-Modells kosten durfte.

Der Italiener betrachtete zuerst einmal die Konkurrenzmodelle: Da ein dreirädriges Fahrzeug

Ob an dem Peugeot 201 (1,1 Liter Hubraum – 23 PS) wirklich nur das Nummernschild zu befestigen war, läßt sich heute nicht mehr feststellen.

Der einzige Überlebende: Von den 50 Prototypen des Citroën 2 CV, die 1936 gebaut wurden, hat nur dieser den Krieg überstanden. Die offizielle Premiere fand erst 1948 auf dem Pariser Salon statt.

nicht in Betracht kam, gab es für ihn als Vorbild den DKW mit seinem Zweizylinder-Zweitaktmotor, den Standart Superior mit derselben Motorenkonfiguration und das Hanomag-»Kommißbrot« mit Einzylinder-Viertaktmotor. Dazu verglich Giacosa noch den französischen Salomon Maior, der ebenfalls über nur einen Zylinder mit 535 ccm Hubraum verfügte. Allen Fahrzeugen gemeinsam war ein Gewicht zwischen 320 und 400 Kilogramm und die Höchstgeschwindigkeit lag bei rund 70 km/h.

Nun sollte der »Tipo Zero A«, wie der Wagen werkintern genannt wurde, aber schneller fahren, komfortabler ausgestattet und »erwachsener« sein – also bekam das Projekt einen Vierzylindermotor, der aus Platzgründen vor der Vorderachse montiert wurde, eine richtige Einzelradaufhängung an den Vorderrädern und eine ausgewachsene Karosserie, die zwei Erwachsene hervorragend und zwei Kinder dazu mittelprächtig transportieren konnte. Das Ergebnis war der Fiat 500, der unter seinem Spitznamen »Topolino« ab dem 15. Juni 1936 die Welt eroberte. (Abb. Seite 99).

Zwar wurde der angestrebte Preis nicht ganz erreicht; für den 85 km/h schnellen Fiat 500 – der nun einen Motor mit 569 ccm besaß – mußten 8900 Lire bezahlt werden, trotzdem wurde der Wagen bis zum Frühjahr 1955 in großen Stückzahlen gebaut. Der Topolino wurde übrigens auch in der frisch von NSU erworbenen Werken in Heilbronn montiert.

Bei den Franzosen waren die Wagen auch recht klein: Renault begann seine Modellpalette ab 1937 mit dem Juvaquatre (Abb. Seite 99), dessen Reihen-Vierzylinder über 1003 ccm Hubraum verfügte und 85 km/h erreichte – als Durchschnittsgeschwindigkeit wurden jedoch 60 km/h empfohlen. Bei Peugeot sorgte der Typ 190S mit einem Vierzylindermotor (695 ccm) und 14 PS für den 60 km/h schnellen Einstieg in den automobilistischen Alltag – Preis: 13900 Franc. Citroën schließlich begann in seiner Entwicklungsabteilung mit der Konstruktion eines anderen Kleinwagens, der – bedingt durch den Krieg – erst 1948 seinen Siegeszug antreten sollte: den 2CV, den »Deux Chevaux« oder die »Ente« (Abb. oben).

Teurer wurde es nie wieder

Wahrscheinlich der eleganteste Roadster aller Zeiten: der Mercedes Benz 540 K. Eine Zeichnung von Hans Liska.

In den dreißiger Jahren waren die letzten Dinosaurier unterwegs: Das Auto hatte noch einmal die Chance bekommen, sich ohne Rücksicht auf die Kosten und mit dem geballten Können der besten Ingenieure in einer Form zu verwirklichen, von der die heutigen Entwicklungschefs nur träumen können.

Allen voran einmal mehr Ettore Bugatti: Der Italiener in Frankreich baute den Typ 41, den Bugatti Royale. Seit dem Tag, an dem er sich in Molsheim selbständig gemacht hatte, dachte er nur an diesen Wagen. Und das Ergebnis war wirklich »königlich«: Ein Radstand von 4,30 Meter, ein Reihen-Achtzylinder mit 12759 ccm Hubraum und 300 PS Leistung, eine Höchstgeschwindigkeit von über 200 km/h, und das alles bei einem Leergewicht von 3232 Kilogramm.

Selbstverständlich war auch der Preis dem Namen angemessen: Für 42000 Dollar war man dabei – sofern man vor den Augen von Ettore be-

Die Karosseriefirma Gläser hat diesem Audi 225 eine Spezial-Kabriolett-2/3-Sitze-Hülle verpaßt. Den Antrieb besorgte ein 2,3 Liter Reihen-Sechszylinder mit 55 PS Leistung.

stehen konnte, denn er wollte genau wissen, in wessen Hände seine Juwelen kamen. Und beim Royale war er besonders kritisch: Etliche fürstliche Interessenten, die die Unsumme (der Gegenwert für vier Kompressor-Mercedes!) gerne in Molsheim gelassen hätten, kamen – nach dem Mittagessen mit dem »Patron« – gar nicht mehr dazu, ihre Bestellung auszusprechen. Ihre Tischsitten hatten nicht gefallen.

Nur sechs Royale baute man – ein siebter wurde nie vollendet. Zwei stehen im französischen Mülhausen, in der Ex-Sammlung Schlumpf, einer in der wunderschönen Sammlung von Briggs Cunningham in Costa Mesa (Kalifornien), einer in der Ford-Collection in Dearborn (Michigan) und die beiden verbleibenden in der größten Auto-Sammlung der Welt – bei Harrah's in Reno (Nevada).

Die größte Konkurrenz jener Jahre kam aus Deutschland (Daimler-Benz, Maybach, Horch), aus Großbritannien (Rolls-Royce, Lagonda, Bentley), Frankreich (Delahaye, Hispano-Suiza, Renault), Italien (Isotta-Fraschini) und den USA (Duesenberg, Cadillac, Lincoln, Marmon).

Bei Daimler-Benz sorgten vor allem die Kompressor-Modelle der Typ-Reihen 500K und 540K für Legenden. Der Typ 770 »Großer Mercedes« wurde in zu kleinen Stückzahlen für Könige, Staatspräsidenten und Industriemagnaten geliefert, als daß er wirklich populär hätte werden können (Abb. Seite 112). Ganze 88 Exemplare wurden von 1938 bis 1943 montiert. Und obwohl diese Fahrzeuge, wie im Hause Daimler-Benz üblich, technisch auf dem neuesten Stand waren – mit einem 7,7-Liter-Reihen-Achtzylinder aus Leichtmetall (155 PS ohne und 230 PS mit zugeschaltetem Kompressor), mit Einzelradaufhängung an den Vorderrädern und einer Doppelgelenk-Hinterachse –, galten doch die 500K- und 540K-Modelle als der Inbegriff des deutschen Hochleistungs-Sportwagens.

Natürlich zehrte diese Baureihe noch vom Ruhm der SSK-Modelle. Allerdings war sie viel handlicher und komfortabler zu fahren als die doch sehr rauhen Vorgänger. Dazu kam, daß die Karosserie-Abteilung in Sindelfingen sich mit ihren Entwürfen für diese Serienmodelle selbst übertraf. Traumwagen wurden schließlich sonst zu-

Und das ist das Original: Der 540 K-Spezial-Roadster leistete 180 PS, die Höchstgeschwindigkeit betrug 170 km/h, und der Preis stand dem eines Hauses in nichts nach: 28000 Reichsmark.

Ein Sechszylinder mit über 9 Liter Hubraum trieb den größten Renault aller Zeiten an: Der 40 CV war weit über fünf Meter lang und kostete bereits 1928 105000 Franc.

meist von Karosserie-Künstlern kreiert, die sich in erlesener Handarbeit Einzelstücken widmeten. Der 500K, der von 1934 bis 1936 in 354 Exemplaren gebaut wurde, hatte einen 5-Liter-Reihen-Achtzylinder mit 100 PS, der bei Zuschaltung des Roots-Kompressors 60 zusätzliche PS ermöglichte. Damit erreichte der – je nach Karosserieform – zwischen 2170 und 2390 Kilogramm schwere Wagen 160 km/h. Es gab neben dem Fahrgestell für 15500 RM zehn verschiedene Karosserieformen ab Werk – von denen der Spezial-Roadster die schönste war. Wer es gerne noch etwas »sportlicher« hatte, konnte auch den Sport-Roadster mit verkürztem Radstand kaufen, der 30 Zentimeter kürzer war.
Dieselben Karosserieformen gab es auch für den 1936 vorgestellten 5,4-Liter-Achtzylinder, der nun unter der Bezeichnung 540K die Legende fortsetzte. Die Leistung war auf 115 PS (ohne Kompressor) und 180 PS (mit zugeschaltetem Gebläse) angewachsen. Die Höchstgeschwindigkeit wuchs um weitere 10 km/h auf 170 km/h; die Preise blieben konstant. So waren für den Spezial-Roadster 540K (Abb. Seite 103) noch immer 28000 Reichsmark zu zahlen.

Für das Jahr 1939 war dann eine weitere Steigerung der Leistung vorgesehen: Der 580K sollte 130 PS (ohne Kompressor) und 200 PS mit dem Roots-Gebläse leisten. Es wurden zwar im Versuch einige Motoren gebaut und auch montiert – zu einer Auslieferung des nun 180 km/h schnellen Wagens ist es dann des Krieges wegen nicht mehr gekommen; ein Wagen soll im Prager Technischen Museum überlebt haben.

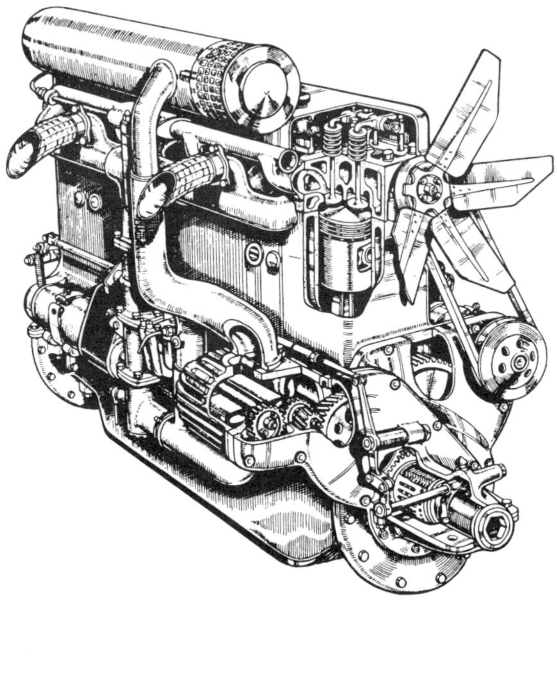

Der Reihen-Achtzylinder des Mercedes 500 K in einer Schnittzeichnung von 1934: Besonders gut ist vorne links der Roots-Kompressor zu erkennen.

Gegen diese außergewöhnlichen Fahrzeuge hatte es die deutsche Konkurrenz schwer: Karl Maybach, der Sohn des Weggefährten von Gottlieb Daimler, versuchte es mit Sechs- und Zwölfzylinder-Triebwerken. Ursprünglich sollte der 1929 vorgestellte 7-Liter-V12-Motor die Reihen-Sechszylinder – siehe Seite 81 – ersetzen; es erschien dann aber zur Zeit der Wirtschaftskrise ungeschickt, das Wohl der Firma nur auf dieses Luxusmodell zu stützen.

Rund 340 Fahrzeuge verließen die Werkhallen in Friedrichshafen – zu Preisen bis zu 36000 RM. Einige Leute hatten sogar das Geld, sich Sonderkarosserien auf das 29500 RM teure Fahrgestell bauen zu lassen – so den »Stromlinien«-Zeppelin (Abb. Seite 115).

Die Technik des ursprünglich mit 7 Liter und später 8 Liter Hubraum ausgestatteten Zwölfzylinders zeigte klar, daß man bei Maybach vom Flugmotorenbau kam: Das Kurbelgehäuse bestand aus einem Leichtmetall-Gußblock, die Zylinderkopfhauben, die Ölwanne und Kolben waren ebenfalls aus Leichtmetall, und das Trockengewicht des 150-PS(7 Liter)- und 200-PS(8 Liter)-Motors betrug nur 510 Kilogramm. Dazu gab es ein Fünfganggetriebe, das in der letzten Stufe des Zeppelin, von dem 1938 bis 1940 noch etwa 25 Wagen gebaut wurden, sogar durch ein Siebenganggetriebe ersetzt wurde.

Nach dem Zweiten Weltkrieg sollte die Produktion noch einmal anlaufen – der Name wäre dagewesen. Es kam nicht mehr dazu, und nach-

1937 stellte der britische Produzent Lagonda einen 4,5-Liter-Zwölfzylindermotor mit 180 PS Leistung vor. Der Wagen überzeugte zwar die Fachzeitschriften, verkaufte sich aber nur schlecht. 1947 wurde die Marke von Aston Martin übernommen.

Kunst kennt viele Formen – natürlich beschäftigten sich auch die Künstler des Art deco mit dem Thema Motorsport.

dem Daimler-Benz 1960 Teile des Unternehmens angekauft hatte, war an eine Rückkehr zum Auto endgültig nicht mehr zu denken. Heute werden in Friedrichshafen Dieselmotoren montiert.
Der zweite große Konkurrent war Horch: Auch hier gab es, neben den beeindruckenden Achtzylindern (mit 5 Liter Hubraum und bis zu 120 PS Leistung – Abb. Seite 113) von 1931 bis 1934 einen 6-Liter-Zwölfzylinder mit 120 PS Leistung. Man hatte offensichtlich den Versuch unternommen, es dem »Großen Mercedes« und dem »Zeppelin« gleichzutun. Trotzdem war – obwohl der Preis mit 23500 RM für das Kabriolett relativ günstig war – dem Horch 12 keine glückliche Zukunft beschieden: Ganze 81 Exemplare wurden ausgeliefert. Vielleicht wollten Zwölfzylinder-Käufer auch den Namen Maybach erwerben.
Dafür lief das Geschäft mit den Achtzylindern hervorragend: Der Horch 8 galt als einer der schönsten Wagen seiner Zeit und war mit Preisen zwischen 13900 RM und 22000 RM (für den eleganten Sport-Roadster) auch recht preisgünstig.
Bei den Engländern hatten sich einige junge Männer bemüht, gegen den Ruf von Rolls-Royce mit eigenen Spitzenkonstruktionen anzukämpfen: Einer von ihnen war Walter Owen Bentley, der nach etlichen Jahren als Eisenbahn-Konstrukteur und Flugmotoren-Entwickler 1921 in Cricklewood damit begann, seine eigenen Fahrzeuge zu bauen.

Auf solch einfache Formen lassen sich Automobil-Umrisse reduzieren.

W. O. Bentley, der gemeinsam mit F. H. Royce studiert hatte, stellte 1919 sein erstes Modell vor, den 3-Liter-Bentley – der allerdings erst 1921 zur Auslieferung gelangte. Der Reihen-Vierzylinder hatte bereits vier Ventile pro Zylinder und leistete bei 3500 U/min 70 PS. Als besonderen Anreiz versprach Bentley eine Garantie, die über fünf Jahre hinweg gelten sollte. Nachdem 1923 dann auch noch Vorderradbremsen eingeführt wurden, stand im darauffolgenden Jahr dem ersten Sieg beim 24-Stunden-Rennen von Le Mans nichts mehr im Wege – diesem Sieg sollten noch vier weitere folgen.
Natürlich erhoben sich rasch die Klagen der Kundschaft, die nach mehr Leistung verlangten. Die Antwort war der 6½-Bentley, dessen Reihen-Sechszylinder 140 PS leistete und der zudem bemerkenswert alltagstauglich war. Die Höchstgeschwindigkeit betrug 135 km/h; für die sportlich Ambitionierten gab es dann noch den »Speed Six«, dessen 180 PS für 160 km/h gut waren.
Bentleys Ruf wuchs rasch: Seine Siege in Le Mans, die sprichwörtliche Zuverlässigkeit seiner Fahrzeuge – Ettore Bugatti hatte die stabilen Bentleys schlicht als »Traktoren« bezeichnet – sorgten für einen guten Geschäftsgang. Und W. O., wie ihn seine Freunde nannten, baute immer neue Modelle: Zwischen das 3-Liter- und das große 6½-Liter-Modell wurde noch der 4½-Liter-Vierzylinder gesetzt, der 105 PS leistete. Für die Sportfreunde gab es dieses Modell auch mit einem Kompressor, den legendären »Blower«-

8500 Reichsmark mußte der Interessent für dieser etwa 105 km/h schnellen Audi 225 bezahlen.

Bentley, der – je nach Ladedruck – bis zu 182 PS leistete und in der Rennversion 221,97 km/h erreichte. Mit diesen Fahrzeugen wurde dann in Le Mans gewonnen.

Anfang der dreißiger Jahre ging es Bentley finanziell immer schlechter: Der Milliardär Woolf Barnato, der bis dahin immer das jährliche Defizit von W. O. Bentley ausgeglichen hatte, begann sich für andere Hobbies zu interessieren. Kurz vor dem Konkurs kam dann aber noch der größte aller Bentleys auf den Markt: der 8-Liter-Bentley. Noch immer hatte der Reihen-Sechszylinder vier Ventile pro Zylinder und zwei Zündkerzen pro Zylinder – und das ergab zusammen mit dem riesigen Hubraum 200 PS. Wer gerne mehr Leistung hatte, konnte noch Spezialkolben bestellen, die dann 225 PS lieferten. Von diesem Ungetüm wurden knapp 100 Exemplare gebaut, dann ging die Firma Bentley in den Besitz von Rolls-Royce über – und hatte so die Chance, bis heute zu überleben.

Bei Rolls-Royce liefen die Geschäfte gut: Man verdiente viel Geld mit den Flugzeugmotoren und hatte Muße, den Phantom III zu entwickeln. Anstoß zu diesem Luxusmodell hatte die Konkurrenz gegeben, die in Amerika und England begann, Zwölf- und Sechzehn-Zylinder-Motoren auf den Markt zu bringen.

Also entwickelte man ebenfalls einen Zwölfzylinder, dessen Zylinderreihen im 60°-Winkel angeordnet waren und dessen 7,4 Liter Hubraum eine Höchstgeschwindigkeit von 160 km/h brachten. Wie im Hause RR üblich, wurden auch hier keine PS-Angaben gemacht; immerhin muß die Leistung ausreichend gewesen sein, denn alle Besitzer und Motor-Journalisten äußerten sich besonders lobend über das Temperament und die mü-

Schon Mitte der 30er Jahre ein Zeugnis vergangener Zeiten: die Zeichnung eines Bugatti.

Ein Schweizer in Spanien: Marc Birkigt baute in Barcelona diesen Hispano-Suiza J 12 mit einem 9,3-Liter-Zwölfzylindermotor und 220 PS Leistung. Die Karosserie stammt von Letourneur & Marchand (Paris).

helose Art, in der die zügige Beschleunigung stattfand. Von 1935 bis 1939 wurden exakt 710 Phantom III ausgeliefert: der einzige Rolls-Royce mit einem derart aufwendigen Triebwerk. Danach kamen wieder Sechszylinder für die »normalen« Fahrzeuge und ein Reihen-Achtzylinder beim Phantom IV – der allerdings in nur 16 Exemplaren an Könige und Staatsoberhäupter verkauft wurde. Erst ab 1959 wurde dann der heute noch eingesetzte V8-Zylinder auf den Markt gebracht.
Die größte Konkurrenz von Bentley war Lagonda: Im Jahr 1900 von dem amerikanischen Ingenieur Wilbur Dunn im britischen Stains (Middlesex) gegründet, wurde Lagonda in den dreißiger Jahren durch zahlreiche Erfolge bei Rennen zu einer Marke mit sportlichem Appeal; sie galt als der »Bentley des kleinen Mannes«, und der Lauf der Geschichte wollte es, daß W. O. Bentley nach dem Verkauf seiner Firma als Chefkonstrukteur zu Lagonda gerufen wurde. Bentley schuf für Lagonda dann einen 4,5-Liter-Zwölfzylinder mit 180 PS Leistung, dessen Qualitäten in allen Fachzeitschriften hoch gerühmt wurden, der sich jedoch nur schleppend verkaufte (Abb. Seite 105). 1947 wurde Lagonda von David Brown gekauft und mit dessen zweiter Neuerwerbung Aston Martin verschmolzen. Aston Martin-Lagonda existiert heute noch und produziert sündhaft teure Sportwagen.

Aston Martin hatte ebenfalls eine interessante Geschichte: Lionel Martin war im Jahr 1913 auf einem selbst getunten Singer-Rennwagen Sieger im Aston-Clinton-Rennen geworden und beschloß sofort, die Fahrzeuge, die er selbst zu bauen gedachte, »Aston Martin« zu nennen. Die Firma ging dann durch etliche Hände, darunter durch die des polnischen Grafen Louis Vorow Zborowski und eines in die Grafschaft Kent verschlagenen Italieners namens Augustus Cesare Bertelli. Aston Martin war eine kleine aber feine Firma, deren exzellente 1,5-Liter-Sechszylinder in Le Mans für Aufsehen sorgten; die Qualität galt stets als beispielhaft, die Preise ebenfalls. Von 1927 bis 1935 wurden ganze 425 Fahrzeuge ausgeliefert (Abb. Seite 109) – bis 1940 folgten noch 174 Fahrzeuge mit einem 2-Liter-Motor.
Noch edler ging es bei Hispano-Suiza zu: Die 1904 in Barcelona gegründete Firma besaß in dem Schweizer Marc Birkigt einen Pedanten und Perfektionisten, der es durchaus mit Ettore Bugatti aufnehmen konnte. Schon sein erstes Modell, der nach dem spanischen König benannte Typ »Alfonso«, machte Hispano-Suiza zum Hoflieferanten vieler Königshäuser. Birkigt, der wie so viele andere Konstrukteure besonders bei den Flugzeugmotoren des Ersten Weltkrieges vieles gelernt hatte – seine V8-Zylinder-Motoren waren in zahlreichen französischen Kriegsflugzeugen

Lionel Martin gewann 1913 das Aston-Clinton-Bergrennen – also nannte er seine Fahrzeuge Aston Martin. Die bis heute bestehende Nobel-Marke (Prinz Charles fährt natürlich auch einen Aston Martin) scheint hier im Jahr 1931 eine besonders glückliche Käuferin gefunden zu haben.

zu finden –, produzierte dann riesige 8-Liter-Sechszylinder für Wirtschaftgrößen und Prinzen, bevor er 1930 in der französischen Tochterfirma in Bois-Colombes den Typ 68 vorstellte. Hier sorgte ein 9,3-Liter-Zwölfzylinder mit nicht weniger als 220 PS für 180 km/h, trotz des hohen Leergewichts von nahezu 3 Tonnen, das die meisten dieser mit Sonderkarosserien versehenen Luxuswagen hatten (Abb. Seite 108). Hispano-Suiza besaß damals einen Ruf, der die Interessenten zu Birkigt pilgern ließ, wo sie dem Bau »ihrer« Autos zusehen durften. Rolls-Royce schien daneben ein geradezu profaner Massen-Produzent.

Auch das italienische Pendant Isotta-Fraschini hatte sich seinen Ruf durch überragende Qualität und technische Kunststücke erworben. Cesare Isotta und Oreste Fraschini beschlossen 1899 in Mailand, ihre Vorstellungen von einem perfekten Automobil zu verwirklichen. Ihr erster Konstrukteur war Giustino Cattaneo – kurzfristig hat dann auch Ettore Bugatti für die Mailänder gearbeitet –, und schon 1908 machte der erste Sieg bei der Targa Florio auf Sizilien die beste Werbung. 1909 gab es bei Isotta-Fraschini das erste Mal Vierradbremsen an einem Auto überhaupt, und 1918 war die nächste Weltpremiere: Der erste Reihen-Achtzylinder verließ die Werkhalle. Der Typ 8 B hatte anfänglich einen 5,9-Liter-Motor, der im Lauf der Jahre auf 7,4 Liter vergrößert wurde. Serienkarosserien ab Werk waren zwar im Angebot, wurden jedoch nur selten bestellt. Wer sich einen Isotta-Fraschini leisten konnte, hatte zumeist auch das Geld, um sich die Karosserie nach eigenem Geschmack bauen zu lassen. Die Ergebnisse waren stets bemerkenswert (Abb. Seite 112) und erregten größtes Aufsehen. Heute sind die Wagen nahezu unbezahlbar geworden und in festen Sammlerhänden.

Natürlich gab es noch mehr Marken: Delahaye beispielsweise. Von dem Eisenbahn-Ingenieur Emile Delahaye im Jahr 1895 gegründet, wurden bei dieser Firma schwere und konservative Tourenwagen gebaut, bis 1933 der neue Chefkonstrukteur Jean François das Modell »Superluxe« vorstellte – die Vorstufe zum berühmtesten aller Delahaye-Modelle: dem Typ 135. Dieser 3,5-Liter-Sechszylinder gewann zweimal die Rallye Monte Carlo und war auch auf der Rundstrecke sofort erfolgreich. Da er zugleich auch mit äußerst attraktiven Karosserien für den Alltag zu kaufen war, stand dem Ruhm der Marke nichts im Wege. Dazu kam dann noch als Spitzenmodell der Typ 145, ein 4,5-Liter-Zwölfzylinder, der 1938 unter dem Fahrer Renée Dreyfus den Mercedes-Benz-Rennwagen manche harte Schlacht lieferte. Und auch diesen Rennwagen konnte der kaufkräftige Kunde mit einer Straßen-Karosserie erwerben.

Louis Delage, ein Mitarbeiter von Armand Peugeot, hatte sich 1905 selbständig gemacht und – um seine Rennwagen zu finanzieren – auch eine

Das viertürige und viersitzige Opel-Admiral-Kabriolett wurde von 1938 bis 1940 in 4560 Exemplaren zum Preis von nur 6500 Reichsmark ausgeliefert. Für den Antrieb sorgte ein 3,6-Liter-Sechszylinder mit 75PS Leistung.

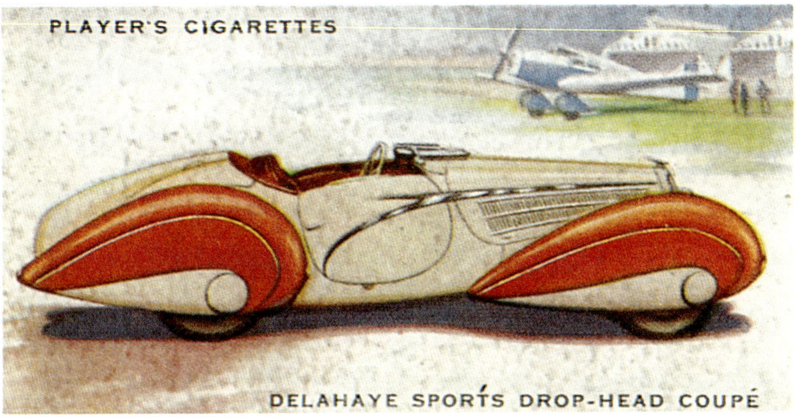

Drei weitere Player's-Zigarettenbilder: Die britische Firma Alvis gab es von 1920 bis 1967. Delahaye wurde 1894 gegründet und ging 1954 mit Luxus-Wagen unter. Hillman überraschte 1934 mit vollsynchronisierten Getrieben.

kleine Tourenwagen-Produktion aufgebaut. Delage gewann in den späten zwanziger Jahren etliche Rennen und Titel und versuchte dann den Bugatti- und Hispano-Suiza-Kunden mit seinen Typen D8 S und D8 SS attraktive Alternativen anzubieten. Die Reihen-Achtzylinder leisteten bis zu 100 PS, verkauften sich aber nicht gut. Die Produktion der Luxuswagen und der Unterhalt seines teuren Rennstalls bewirkten schließlich, daß er 1935 an Delahaye verkaufen mußte.

Ganz kurz sollte man noch den Namen der Brüder Angelo und Paul Albert Bucciali erwähnen, die in Paris das wahrscheinlich aufregendste Auto der dreißiger Jahre herstellten. 1922 hatten sie den Bau kleiner Sportwagen mit Fremdmotoren begonnen, bevor sie 1928 ihren ersten Sechszylinder mit Frontantrieb, Einzelradaufhängung und Automatikgetriebe vorstellten. Dann packte sie der Wunsch, das beste Auto der Welt zu bauen: Auf dem Auto-Salon in Paris stand 1932 der Bucciali TAV »Double Huit« – ein 16-Zylinder-Frontantrieb-Wagen mit einer atemberaubenden Karosserie der Pariser Firma Saoutchic. Tatsächlich wurde der Wagen nie gebaut – später stellte sich der Motor nur als eine Attrappe heraus, und es hatte sich niemand gefunden, der bereit war, 220 000 Franc oder 42 000 Dollar (im Jahr 1932!) für den Bau des Wagens zu bezahlen. Die Karosserie wurde dann mit einem Zwölfzylinder ausgeliefert; das Fahrgestell mit der Motor-Attrappe überstand den Krieg unter der Renntribüne in Le Mans und wurde dann an die Harrah Collection in Reno (Nevada) verkauft. Insgesamt bauten die Bucciali-Brüder etwa 35 Fahrzeuge – in einer Zeitspanne von elf Jahren!

In den dreißiger Jahren hatten sich einige Firmen mit der Konstruktion von 16-Zylinder-Motoren beschäftigt. Einen der ersten Versuche machte Tommy Milton, der den Geschwindigkeits-Weltrekord erringen wollte. Er montierte in seinen Wagen zwei Duesenberg-Achtzylinder parallel zueinander, erreichte am 27. 4. 1920 auf dem Sandstrand von Daytona Beach (Florida) 251,133 km/h – und blieb damit zwei Jahre lang der schnellste Mann der Welt.

Dann kamen drei weitere Rennwagen mit 16-Zylinder-Motoren: Ettore Bugatti brachte den Typ 45, der 1929 recht erfolgreich war; die Maserati-Brüder bauten zwei Rennwagen (den V4 mit 305 PS und den V5 mit 360 PS), und der Amerikaner Miller wollte ebenfalls mit solch einem Motor auf den Rennstrecken Amerikas erscheinen. Er konstruierte dann auf den Wunsch eines steinreichen Kunden zwei V 16-Speedster für die

Der französische Produzent Delage gewann 1913 den Grand Prix de France, baute 1929 Achtzylindermotoren mit 100 PS Leistung und stellte 1954 die Produktion ein. Die siebensitzige Lagonda-Limousine fuhr knapp 160 km/h schnell. Und der Rolls-Royce Phantom III war das einzige Modell aus Crewe mit einem Zwölfzylinder-Motor. 710 Exemplare des 7,4-Liter-Modells wurden ausgeliefert.

Straße. Beide hatten Frontantrieb und einen zuschaltbaren Heckantrieb – konnten also auch mit Allradantrieb gefahren werden. Aber alle diese Automobile waren stets nur Einzelstücke – wirklich in Serie wurden solche außergewöhnlichen 16-Zylinder-Motoren nur von zwei Firmen gebaut: Cadillac und Marmon.

Cadillac hatte die V16-Modell-Reihe von 1930 bis 1940 hin durchgehend im Programm – erstmals tauchte der V16 am 29. 3. 1930 in der Preisliste von General Motors auf. Da kostete der V16-Roadster 5350 Dollar, und das teuerste Modell, der V16 Town Brougham, wurde für 9700 Dollar angeboten. Zum Vergleich: Das billigste Modell war der Chevrolet Phaeton für 495 Dollar. Ein La Salle Fleetwood kostete 2385 Dollar und ein Cadillac Imperial Sedan 3995 Dollar. Die Preise also bewirkten, daß dieses Luxusmodell über die Jahre hinweg in nur geringen Stückzahlen verkauft wurde; knapp 4600 Exemplare kamen zur Kundschaft. Dabei hatten die V16-Modelle die besten Besprechungen: Ihre Laufruhe galt als unübertroffen, ihr Komfort war makellos und die Karosserien von äußerster Finesse. Automatik und Lederpolsterung waren selbstverständlich, und das Benzin, das die V16-Modelle nur so in sich hineinsogen, war billig. Trotzdem: Der Traum vom 16-Zylinder war 1940 vorbei – und seitdem sind Zwölfzylinder-Motoren das Nonplusultra.

Von 1931 bis 1933 versuchte dann noch Howard Marmon – der seit 1902 Automobile gebaut hatte und 1911 das erste 500-Meilen-Rennen von Indianapolis gewann –, seinen 9,1-Liter-V16 zu verkaufen. Die sehr aufwendig gebauten Motoren trieben exakt 390 ausgelieferte Exemplare an; dabei hatte Howard Marmon seine finanziellen Möglichkeiten endgültig überschätzt, und er mußte Konkurs anmelden. Im letzten Jahr des Bestehens besann man sich zwar nochmals auf die sportliche Tradition und fuhr mit einem serienmäßigen V16 beim 24-Stunden-Rennen auf dem Oval von Indianapolis mit – und gewann sogar die begehrte Stephens Trophy. Trotz dieser Leistung war das Ende jedoch nicht mehr fern.

Ein Höhepunkt der Daimler-Benz AG: Der 540 K (Kabriolett A auf kurzem Fahrgestell), der für 22000 Reichsmark rund 2,5 Tonnen Leergewicht bot.

Zu den teuersten Marken aller Zeiten gehörte die von Cesare Isotta und Oreste Fraschini im Jahre 1899 gegründete Firma Isotta-Fraschini. In den 30er Jahren gehörten die Achtzylinder-Modelle dieses Hauses – neben Rolls-Royce, Bugatti und Hispano-Suiza – zu den absoluten Spitzenmodellen. Die 5,9-Liter-Motoren leisteten 180 PS.

Wer bemühte sich sonst noch um die Luxus-Kunden? Renault baute den bereits erwähnten riesigen 40 CV mit 9 Liter Hubraum und dem abenteuerlichen Preis von 105000 Franc (Abb. Seite 104). Die Österreicher hatten ihre Firma Gräf & Stift, deren SP8- und SP9-Modelle über 6-Liter-Achtzylinder-Motoren mit 125 PS Leistung verfügten. Immerhin wurden davon etwa 400 Wagen hergestellt, während der geplante 4-Liter-Zwölfzylinder nur in Prototypen montiert wurde. Dieser hochmoderne Motor hatte 110 PS. Die Höchstgeschwindigkeit lag bei 125 km/h.
In Italien gab es natürlich noch Lancia, hier war das Spitzenmodell der Typ »Astura« – auch schon 130 km/h schnell (Abb. Seite 113). Dieses Modell war auch bei den Karosserie-Schneidern äußerst beliebt: Pininfarina hat mit diesem Modell seine ersten Ruhmestaten vollbracht.

Der Typ »Großer Mercedes« hatte einen 7,7-Liter Reihen-Achtzylinder mit 155 PS (bei Zuschaltung des Kompressors: 230 PS) Leistung und stellte das Optimum dessen dar, was die älteste Automobilfabrik der Welt zu leisten imstande war. Ganze 88 Exemplare wurden von 1938 bis 1943 an Staatsoberhäupter und Industriemagnaten ausgeliefert. Hier das Kabriolett D, bei dem allein der Preis für das Fahrgestell schon 30000 Reichsmark betrug.

Auch Horch versuchte ein Nobelfahrzeug auf die Räder zu stellen: Der Typ 853 A hatte einen Reihen-Achtzylinder mit 5 Liter Hubraum und 120 PS Leistung. Nur wenige Exemplare des 15250 Reichsmark teuren Sport-Kabrioletts kamen in den Jahren 1938 und 1939 zur Auslieferung.

Überhaupt waren die kleinen Karosseriehersteller wie Saoutchic in Paris, Letourneur & Marchand ebenfalls in Paris, Erdmann & Rossi in Berlin, Gläser in Dresden und viele andere sehr oft die eigentlichen Triebfedern für neue Design-Ideen – sie konnten auf Kosten der meist wohlbetuchten Kunden die Formen entwickeln, die dann später von den Firmen übernommen wurden. Und es gab viele Kunden, die bereit waren, sich den exklusiven Geschmack und die persönliche Note viel Geld kosten zu lassen: Besonders teuer und von auserlesenem Publikum bevorzugt war zum Beispiel die Firma Erdmann & Rossi in Berlin, die 1898 von Willy Erdmann gegründet wurde und der 1906 Eduard Rossi beitrat. Die Qualität dieser Karosseriefirma sprach sich rasch herum, und bald kannte der Adel bis hinauf zum Kaiser die Karossen der Berliner Firma.

Das Spitzenmodell des Hauses Lancia war von 1934 bis 1937 der Typ »Astura« – hier ein Modell der IV. Serie mit 82 PS Leistung und einer Höchstgeschwindigkeit von 130 km/h.

Künstler haben es schon immer verstanden, Wesentliches auf Weniges zu reduzieren; bei Peugeot fand man 1935 diesen Weg, das Thema Beschleunigung darzustellen.

Die Firma Maybach hatte 1932 zusammen mit dem Karosseriewerk Spohn in Ravensburg einen Stromlinien-Aufbau auf der Basis eines Typs »Zeppelin« V12 gebaut. Der Wagen bekam später die Zulassungsnummer »III Z 1199«, die von der Polizeidirektion Ulm für den Großraum Friedrichshafen verteilt wurde.

Die große Zeit begann jedoch nach dem Ersten Weltkrieg, als Firmen wie Maybach – die an die Kundschaft stets nur Fahrgestelle auslieferte – die Designer zu hinreißenden Fahrzeugen animierten. Die Preise für solche Schöpfungen? 1928 hatte ein Baron aus Berlin bereits 35000 Reichsmark für ein Maybach-W5-Kabriolett anzulegen.

Solch stolze Preise resultieren aber nicht nur aus der Verwendung der besten Materialien und der Honorierung der Design-Entwürfe, sondern auch aus der Erfüllung eines jeden Sonderwunsches. So verzeichnet die Kommissions-Nummer 2871 für Herrn Geheimrat Elschner, der bei Erdmann & Rossi auf der Basis eines Zwölfzylinder-Phantom-III von Rolls Royce ein »Transformations-Cabriolet« bestellt hatte, allein für den Elektriker folgende Sonderwünsche – 2 Leselampen im Fond, 1 elektr. Zigarrenanzünder, 1 längliche Lampe über dem Rückwandfenster, 2 elektr. Stop- und Schlußlampen, 2 elektr. Winker und einen Scheibenwischer mit Tandemwischer.

Erdmann & Rossi baute auch noch einige Stromlinienwagen in Einzelexemplaren – zumeist auf der Basis von teuren Mercedes-Kompressorwagen, vereinzelt aber auch auf der von Opel-Modellen. Auf diesem Spezialgebiet war auch die im schwäbischen Reutlingen beheimatete Firma Wendler erfolgreich, die hauptsächlich auf BMW-Basis einige wegweisende Fahrzeuge auslieferte. Auch in Reutlingen wurden übrigens Einzelwünsche erfüllt: Wer sich sein Traumauto bauen lassen wollte, war willkommen – sofern er das nötige Geld hatte.

Nach dem Zweiten Weltkrieg erlebte Wendler dann noch einmal einen Höhepunkt, als die im nahen Stuttgart ansässige Firma Porsche hier die berühmten 356 »Spyder« und den RS 61 montieren ließ. Als dann allerdings mit dem 904 GTS der erste Porsche-Rennwagen mit Kunststoffkarosserie kam, war diese Zusammenarbeit beendet. Heute werden in Reutlingen Unfallwagen repariert und Lastwagen-Aufbauten ausgeliefert.

Das Geschäft mit den Luxuswagen war nie sehr lukrativ: Der Großteil der Firmen hatte diese Modelle vor allem im Programm, um zu demonstrieren, wozu ihre Techniker in der Lage waren. Der Glanz der Acht- oder Zwölfzylinder sollte auf den Käufer des Vierzylinders abfärben – er sollte stolz sein auf seine Marke. Einige Firmen verdienten glänzend: Daimler-Benz, Rolls-Royce, doch schon ein Ettore Bugatti hatte zuweilen Schwierigkeiten, seinen Betrieb am Laufen zu halten; von Firmen wie Lagonda oder Bentley ganz zu schweigen – diese lebten von den reichen Gönnern, die sich das Hobby einer solchen Firma leisteten.

Am 13. Oktober 1938 wurde in Paris der Automobil-Salon eröffnet, bei dem Daimler-Benz das 540 K Spezial-Coupé erstmals präsentierte.

Die Entdeckung des Windes

Schon bei den ersten Automobilkonstrukteuren gab es einige wenige, die erkannten, daß ein großer Kühler und eine gerade, sich trotzig dem Wind entgegenreckende Windschutzscheibe der erstrebten höheren Geschwindigkeit äußerst abträglich seien.

Einem deutschen Aerodynamiker, Freiherr Reinhard Koenig-Fachsenfeld, ist es zu verdanken, daß diese Erkenntnisse auch in Einzelstücke oder Kleinserien-Exemplare umgesetzt werden konnten. Koenig-Fachsenfeld, dessen zweibändiges Werk »Aerodynamik des Kraftfahrzeugs« mittlerweile in Antiquariaten zu hohen Preisen gehandelt wird, bescherte den Deutschen im Jahr 1932 einen völlig überraschenden Sieg beim Großen Preis von Deutschland, als ein technisch völlig veralteter Mercedes-Benz SSKL gegen die überlegenen Alfa-Romeo-Wagen antrat. Rudolf Caracciola, der im Jahr zuvor zu der italienischen Marke gewechselt hatte, mußte erstaunt zusehen, wie ein SSKL – mit Manfred von Brauchitsch am Steuer – auf den langen Geraden der Avus problemlos an ihm vorbeifuhr und schließlich mit einer Durchschnittsgeschwindigkeit von 194,2 km/h siegte. Er hatte damit einen um 8,6 km/h höheren Schnitt als der Sieger des Vorjahres – Caracciola auf dem unverkleideten SSKL – erreicht (Abb. Seite 129). Der Sieg war ausschließlich Koenig-Fachsenfeld zu verdanken, der Brauchitschs SSKL mit einer stromlinienförmigen Karosserie, von der Firma Vetter in Cannstatt ausgeführt, versehen hatte.

Schon 1930 war Sir Dennistoun sich sicher, daß sein R. 100 die Auto-Welt revolutionieren würde. – Am 17. Oktober 1930 wurde der Wagen bei Selfridge's ausgestellt, trotzdem war diese Stromlinienform kein Erfolg.

Koenig-Fachsenfeld war wie viele andere Aerodynamiker im Ersten Weltkrieg bei der Konstruktion von Flugzeugen zu der Erkenntnis gelangt, daß eine windschlüpfige Form viele PS einsparen würde.

Ebenfalls einer der ersten, die dieses Prinzip erkannt hatten, war Edmund Rumpler. Sein »Tropfen-Wagen« feierte im Juni 1920 Premiere, und er stellte von 1921 bis 1925 rund hundert Fahrzeuge fertig. Rumpler war seiner Zeit allerdings für einen wirklichen Erfolg zu weit voraus. Sein erster Typ hatte einen 2,3-Liter-Sechszylinder, der aus drei Zweizylindermotoren zusammengesetzt war und der 35 PS leistete; ganze 20 Exemplare dürften montiert worden sein. Dann baute er noch 100 Fahrgestelle des Typs 10/50 PS, von denen ganze 80 Exemplare mit den aufsehenerregenden Tropfen-Karosserien versehen wurden. Da niemand Interesse daran hatte, diese Fahrzeuge zu erwerben, fanden sie bei Berliner Droschkenkutschern im Alltagsgeschäft unrühmliche Verwendung. Eines der wenigen überlebenden Exemplare ist heute im Deutschen Museum in München zu besichtigen.

Nachdem Edmund Rumpler klargeworden war, daß seine eigene Autoproduktion niemals in die Gewinnzone kommen würde, schloß er einen Beratervertrag mit Benz. Das Ergebnis war der Tropfen-Benz, der bereits 1922 für Aufsehen auf den Rennstrecken sorgte (Abb. Seite 125). Aber auch dieser Mittelmotor-Wagen – seiner Zeit wieder um zehn Jahre voraus – kam kaum zum Einsatz, denn die Fusion von Benz und Daimler brachte die Kompressor-Modelle der Daimler AG auf die Rennpisten, und Benz-Modelle waren nicht mehr gefragt.

Dafür lieferten andere Stromlinien-Pioniere aufregende Karosserien: Paul Jaray beispielsweise. Der am 11.3.1889 in Wien geborene Österreicher hatte an der TH in Wien studiert und ab

1934 beschäftigte sich auch Peugeot mit dem Thema »Aerodynamik«. Der Typ 402 »Audreau« brachte zwar viele Erkenntnisse, wurde aber dennoch nicht in die Serie übernommen.

Mitte: Anfang der 30er Jahre entwarf die italienische Zeitschrift »Motor« diese Stromlinien-Limousine mit hintenliegendem Motor und sechs Sitzplätzen.

Unten: Paul Jaray stellte auf dem Genfer Automobil-Salon 1934 diese Stromlinien-Limousine auf der Basis eines Mercedes 2-Liter-Schwingachs-Fahrgestells vor.

1912 in Friedrichshafen am Bodensee beim Bau der Luftschiffe mitgewirkt. Ab 1922 wurden nach seinen Patenten – wegen denen er bis Ende 1926 mit Rumpler prozessieren mußte – »Stromlinien-Wagen« bei Ley, Dixi, Audi, DKW, Mercedes, Maybach und Adler gebaut. Eines der beeindruckendsten Modelle war seine Limousine auf der Basis eines 2-Liter-Mercedes, das er auf dem Genfer Automobil-Salon im Jahr 1934 vorstellte (Abb. rechts unten).

Entscheidend war auch Prof. Dr. Ing. Wunibald Irmin Erich Kamm an der Entwicklung aerodynamischer Fahrzeuge beteiligt. Kamm, am 26. 4. 1893 in Basel geboren, hatte 1922 an der TH Stuttgart mit einer Arbeit über Luftfahrttechnik promoviert. Von 1930 an war er Leiter des Forschungsinstituts für Kraftfahrwesen und Fahrzeugmotoren an der Universität Stuttgart, und von 1935 bis 1937 leitete er den Aufbau der Fahrzeug-Halle des Deutschen Museums in München. Von 1938 bis 1943 baute er die berühmten Versuchswagen mit »abgeschnittenem« Heck – dem Kamm-Heck. Erst in den fünfziger und sechziger Jahren erkannten etliche Rennwagenkonstrukteure die Vorteile dieses Prinzips – und heute macht jeder Designer das Kamm-Heck zur Grundlage seiner Entwürfe.

Gegen Ende der zwanziger Jahre kam die »Stromlinien-Form« groß in Mode; viele Firmen stellten auf Auto-Salons solche Modelle vor. Verkauft wurden diese Fahrzeuge allerdings nur in

Im Juni 1939 machte die Adam Opel AG in der Zeitschrift »Die neue Linie« diese Werbung für den Typ »Admiral«. Eigentlich war es schon zu spät für diesen Luxus-Wagen: Im Oktober stellte man die Produktion nach insgesamt nur 6404 Exemplaren ein, der Sechszylinder wurde für Lastwagen benötigt.

verschwindend geringen Stückzahlen – es war schon immer leichter, mit Extravaganz Bewunderung zu erregen, als sie tatsächlich an den Mann zu bringen.
Das mußte auch Sir Dennistoun feststellen, der mit seinem R.100 die Welt verändern wollte und der froh sein mußte, daß er nur einen kleineren Teil seines Vermögens verlor (Abb. Seite 116). Auch die Motor-Zeitschriften, die ihre Leser mit der Vorstellung stets neuer Kapriolen beglückten, mußten feststellen, daß ihre Entwürfe den konservativen Geschmack des Publikums selten trafen (Abb. Seite 117).

Als die Nationalsozialisten mit dem Bau der Autobahnen begonnen hatten, waren bei einigen Produzenten Hochleistungsmodelle entwickelt worden, speziell für Langstreckenreisen gedacht.
Daimler-Benz beispielsweise zeigte auf der Basis des 5-Liter-Kompressor-Modells den »Autobahn-Kurier«, Maybach führte den »Stromlinien«-Zeppelin vor (Abb. Seite 115), und die Firma Autenrieth montierte auf einem anderen Zeppelin-Fahrgestell eine Karosserie mit Heckflügel, die sich der Form des Luftschiff-Vorbilds recht stark anpaßte.
Die Adler-Werke, bei denen Edmund Rumpler vom Juli 1902 bis zum Sommer 1905 seine ersten Erfahrungen gesammelt hatte, begannen sich ebenfalls für aerodynamisch geformte Karosserien zu interessieren: Erwin Kleyer, der Juniorchef des Hauses, suchte Kontakte zu Koenig-Fachsenfeld und zu Kamm, und 1937 ging ein 2,5-Liter-Sechszylinder (58 PS) mit viertüriger Stromlinienkarosserie in Serie, die stark an die Patente von Jaray angelehnt war. Für die notwendige Werbung sorgten die 1,5- und 1,7-Liter-Sportwagen, die mit ihren Stromlinienkarosserien in Le Mans und bei Geschwindigkeits-Rekordfahrten einen hervorragenden Eindruck hinterließen (Abb. Seite 128).
Natürlich eigneten sich die Gesetze der Aerodynamik nicht nur deutsche Firmen an; auch im Ausland begriff man, daß mit der Überlistung des Luftwiderstands Benzin gespart und Geschwindigkeit gewonnen werden konnte. Da war zum Beispiel in der Tschechoslowakei Hans Ledwinka, der von 1905 bis 1945 – mit nur kurzen Unterbrechungen – bei der Firma Tatra arbeitete. Hier wirkte er entscheidend mit bei der Konstruktion etlicher berühmter Typen, darunter dem Prototyp 77 des Jahres 1933 und dem Tatra Typ 77, der ab 1934 in Serie ging. Diese »autobahntauglichen« Wagen hatten einen V8-Zylinder-Motor im Heck, einen immens großen Innenraum – und keine Heckscheibe. Kleine Blechschlitze ermöglichten den Ausblick nach hinten und sorgten zugleich für eine wirksame Kühlung des Motors. Die Idee für diese Lösung ließ sich

Am 28. Juli 1938 begaben sich 249 Bewerber von Innsbruck aus an den Start zur ersten Deutschen Alpenfahrt, die über Klagenfurt und Graz nach Wien führte – darunter war auch eine Flottille des Hauses Opel, die an dem Kennzeichen VH (für Hessen) erkennbar war.

Ledwinka patentieren. Der Typ 77 war bis 1950 in der Angebotspalette von Tatra enthalten; parallel gab es noch den »kleinen« Tatra Typ 97, der von 1936 bis 1938 mit Vierzylindermotor gebaut wurde.
Natürlich blieben viele der Stromlinienwagen Einzelstücke: Wer weiß heute noch von dem Versuch des französischen Schnapsherstellers Dubonnet, einen französischen Beitrag zu diesem Thema zu liefern? Der von Dubonnet angeregte Entwurf des Designers Andreau – eine Flugzeug-Kabine auf vier Rädern und ein vor der Hinterachse montierter Ford-V8-Motor – wurde nur einmal verwirklicht (und ist seit 1936 spurlos verschwunden). Oder Aurel Persu – ein rumänischer Konstrukteur von besonderer Qualität, der 1913 an der TH Berlin mit Auszeichnung sein Studium »Höhere Technische Mechanik« absolviert hatte. Persu baute 1923 eine Mittelmotor-Limousine, die mit einem 22 PS starken AGA-Vierzylinder immerhin 100 km/h erreichte. Zwar wollte niemand die Produktion übernehmen, dafür fuhr er mit seinem Wagen bis 1969 über 100000 problemlose Kilometer, bevor er den einmaligen Persu dem technischen Museum in Bukarest vermachte, wo er noch heute aufbewahrt wird.
Peugeot baute etliche Stromlinien-Autos in kleinen Serien; manche Modelle kamen auch nur in Einzelstücken auf Ausstellungen vors Publikum (Abb. Seite 117), und auch die Amerikaner beschäftigten sich mit der Automobil-Aerodynamik. Hier war es vor allem die Firma Chrysler, die auf nennenswerte Stückzahlen kam: Vom »Airflow Imperial«, der zum Preis von 1495 Dollar einen 122 PS starken 4,9-Liter-Reihen-Achtzylinder und knapp 150 km/h bot, wurden immerhin 29998 Exemplare verkauft, und der De Soto »Airflow«, der als kleinerer Bruder sechs Zylinder und 3,9 Liter Hubraum mit 100 PS Leistung besaß, wurde 25737mal ausgeliefert. Lincoln und Franklin, Lewis mit dem »Airomobile« und Hudson, Martin und Pierce-Arrow bauten stets nur Einzelstücke – die zwar auf Ausstellungen bewundert wurden, was sich jedoch nicht in größeren Bestellzahlen niederschlug.

Zusammenfassend muß gesagt werden, daß sich vor dem Zweiten Weltkrieg die Stromlinien-Autos nicht durchsetzen konnten. Der Geschmack der Käufer, an beeindruckende Massigkeit gewöhnt, wurde durch diese Formen nicht getroffen – sie waren noch zu neu. Autobahnen gab es im Vergleich zu heute noch wenige, das Benzin war billig; nichts sprach für das Neue, Avantgarde war nicht gefragt.
Trotz allem haben gerade diese frühen Aerodynamik-Überlegungen die Entwicklung der Automobile nach dem Zweiten Weltkrieg entscheidend vorbereitet.

Höchstens 750 Kilogramm

Rudolf Caracciola war zweifelsohne einer der größten Rennfahrer aller Zeiten – hier ist er im Alter von 22 Jahren beim Start zum Krähberg-Bergrennen in einem 1,5-Liter-Mercedes Typ »Targa-Florio« mit Kompressor zu sehen. Sein Beifahrer war Kühnle, rechts vom Kühler steht mit einer Schirmmütze Rosenberger.

Nachdem der Automobil-Rennsport gegen Ende des vergangenen Jahrhunderts die Begeisterung für das Auto geweckt hatte, wurde er nach dem Ersten Weltkrieg zum Massenereignis: Hunderttausende pilgerten zum Nürburgring, an die Avus oder zur britischen Tourist Trophy. Millionen von Italienern standen am Straßenrand, wenn die Mille Miglia, das legendäre Straßenrennen von Brescia über Rom zurück nach Brescia, ausgetragen wurde.

Natürlich bestand in den ersten Nachkriegsjahren kein Bedarf an Autorennen, doch 1921 gab es wieder die erste Formel für Grand-Prix-Wagen, denen ein Hubraum von 3 Litern zugestanden wurde.

Schon ein Jahr später trat dann eine 2-Liter-Formel in Kraft, die bis zum Jahr 1925 für äußerst abwechslungsreiche Rennen sorgte. Neben diesem Hubraumlimit wurde auch das Wagen-Leergewicht bestimmt – es mußte mindestens 650 Kilogramm betragen. Ihre Premiere feierte diese Formel beim Großen Preis von Frankreich, der 1922 in Straßburg ausgetragen wurde. Hier gab es auch noch eine zweite Premiere: Erstmals war ein geschlossenes Feld am Start – bis dahin waren die Rennwagen immer einzeln oder zu zweit

Das erste Rennen, der erste Sieg: Alfieri Maserati und sein Beifahrer Guerrino Bertocchi traten 1926 mit einem selbstkonstruierten 1,5-Liter-Reihen-Achtzylinder bei der Targa Florio an – und gewannen die Klasse und einen neunten Platz im Gesamtklassement.

gestartet. Die Deutschen durften noch nicht dabeisein – zu nah war noch der Erste Weltkrieg –; dabei wären zwei interessante Wagen bereitgestanden: der Mittelmotor-Benz (Abb. Seite 125) und die erste Kompressor-Entwicklung von Ferdinand Porsche für Daimler. So machten sich vier Bugattis, je drei Fiats, Sunbeams, Ballots, Rolland Pilains und zwei Aston Martins auf die etwa 800 Kilometer lange Reise. Und dieser große Preis von Frankreich hatte es in sich: Die gefahrenen Durchschnittsgeschwindigkeiten lagen deutlich über denen der Vorkriegszeit; die schnellste Rundenzeit fuhr Pietro Bordino auf dem Fiat 804 mit 138,8 km/h. Wenn man dann noch die Qualität der Straßen berücksichtigte, wurde der Fortschritt noch deutlicher.

Es ist interessant zu betrachten, mit welch aufwendiger Technik bereits damals um den Sieg gekämpft wurde: Rolland Pilain – eine 1906 in Tours gegründete Firma, die 1930 die Produktion wieder einstellen mußte – hatte mit dem Typ A22 ein bemerkenswertes Stück Technik gebaut. Der Reihen-Achtzylinder hatte bereits zwei obenliegende Nockenwellen und leistete rund 90 PS. Nur Bugatti setzte ebenfalls auf einen Achtzylinder, dessen drei Ventile pro Zylinder (zwei Einlaßventile und ein Auslaßventil) jedoch nur von einer Nockenwelle gesteuert wurden; Bugatti blieb bis 1931 bei der Verwendung von einer Nokkenwelle.

Die Triebwerke der Häuser Sunbeam, Ballot und Aston Martin hatten vier Zylinder, und die inter-

Graf Masetti gewann 1922 die berühmte Targa Florio auf dem Grand-Prix-Wagen von 1914, der allerdings deutlich modifiziert worden war: Nun gab es Bremsen an allen vier Rädern; die Ventile waren vergrößert worden (zudem wurden Drehzahlen bis 4000 U/min möglich) und die Kolben bestanden hauptsächlich aus einer Legierung von 86 Prozent Magnesium und 13,5 Prozent Kupfer.

Die Nummer 1: Mit diesem MG begann im Jahr 1924 die Geschichte einer der berühmtesten Sportwagen-Marken der Welt. Im Hintergrund ist ein Morris Red Flash Single Seat Racer zu bewundern.

essanteste Neukonstruktion, der Fiat 804, besaß einen Sechszylindermotor mit 96 PS Leistung. Der 804 setzte auch in seiner Form und mit seinem Chassis neue Maßstäbe: Er war klein und flach, er war leicht und besaß ein richtig abgestimmtes Fahrwerk. Kurzum, die drei Fahrzeuge aus Turin fuhren der Konkurrenz auf und davon. Zwar fielen zwei im Verlauf des Rennens aus, aber als Felice Nazzaro mit einer Durchschnittsgeschwindigkeit von 127,67 km/h durchs Ziel fuhr, lag er eine Stunde vor dem Zweiten, de Viscaya auf Bugatti. Diese Überlegenheit war für die Konkurrenz so deprimierend, daß beim zweiten Rennen dieses Jahres, dem Großen Preis von Italien in Monza, kein Mitbewerber mehr antrat – und Bordino gewann vor Nazzaro mit einem Schnitt von 139,8 km/h. Die Fiat-Rennwagen waren in diesem Jahr unschlagbar.
Fiat hatte mit seiner leichten, handlichen Form den Rennwagenbau revolutioniert; bereits in der nächsten Saison jedoch hatte die Konkurrenz nachgezogen.
Richtungweisend arbeitete – schon vor dem Ersten Weltkrieg – auch Daimler; das zeigte sich an der Tatsache, daß der italienische Graf Masetti bei der Targa Florio mit einem modifizierten Grand-Prix-Wagen von 1914 acht Jahre später dieses klassische Rennen gewann. Man hatte nun an allen vier Rädern Bremsen montiert und den Wagen – dem italienischen Fahrer zuliebe – rot lackiert (Abb. Seite 121). Bei Grand-Prix-Rennen allerdings durften deutsche Wagen noch nicht fahren.
1923 begann die große Zeit der Kompressor-Modelle. Beim Großen Preis von Frankreich erschien der Fiat 805 (Abb. Seite 123), dessen Reihen-Achtzylinder 150 PS entwickelte. Zwar fielen in Tours alle drei Wagen aus, da man vergessen hatte, einen Filter vor das Gebläse zu montieren und so die angesaugten Steinchen und Schmutzteile die Kompressorflügel zerstörten, aber beim Großen Preis von Europa in Monza hatte man die Lektion gelernt – und die Fiat 805 siegten diesmal überlegen.

1927 wurde der Nürburgring eingeweiht: Dieses Plakat vom 18./19. Juni 1927 sollte die ersten Zuschauer anlocken. – Das Rennen endete mit einem Dreifach-Sieg für Mercedes-Benz.

Auch bei der Daimler AG war man sich nun darüber im klaren, daß ein neues Fahrzeug konstruiert werden mußte. Otto Schilling, von dem schon der Siegerwagen von 1914 stammte, machte sich erneut an die Arbeit und verkleinerte den Hubraum des 10/40/65-PS-Wagens von 2,6 Liter auf die zugelassenen 2 Liter Hubraum – und der leistete dann, mit seinen vier Ventilen pro Zylinder, standfeste 95 PS.
Die letzten Feinarbeiten nahm Ferdinand Porsche vor, der am 30. April 1923 in Stuttgart die Nachfolge von Paul Daimler (dem Sohn Gottlieb Daimlers) als Chefkonstrukteur angetreten hatte. Zum ersten Einsatzort wählte man gleich das 500-Meilen-Rennen von Indianapolis; von den vier Einsatzwagen verunglückte einer im Training, ein zweiter – mit Lautenschlager am Steuer – im Rennen, und die beiden verbliebenen Wagen kamen auf den Plätzen acht und elf ins Ziel.
Im Jahr darauf gewann dieser Wagen mit Christian Werner am Steuer die sizilianische Targa Florio, und ein zweiter Fahrer kam auf Rang 15 ins Ziel: der 33jährige Alfred Neubauer, der bis zum Ende der Rennsaison des Jahres 1956 der legendäre Rennleiter des Hauses Daimler-Benz werden sollte.
Neubauer, der rasch erkannte, daß er nicht die fahrerische Klasse eines Caracciola oder eines

Der Fiat Corsa 805 des Jahres 1923 leistete mit seinem Whitting-Kompressor 150 PS und erreichte eine Höchstgeschwindigkeit von 219 km/h. Dieser Reihen-Achtzylinder war entscheidend am sportlichen Ruf der Firma Fiat beteiligt.

Die Startaufstellung des Rennens auf dem Nürburgring 1927: Caracciola (Nr. 1) vor Rosenberger (Nr. 2) und von Mosch (Nr. 3); alle drei fuhren einen Mercedes-S-Typ und kamen auch in dieser Reihenfolge ins Ziel.

Nuvolari besaß, hatte bei seinen Rennen bemerkt, daß die Information des Fahrers über Plazierung und Rundenzeiten praktisch nicht existierte. Dabei war es gerade bei Rennen wie der Targa Florio, wo jeder Fahrer allein gegen die Uhr fahren mußte, so wichtig zu wissen, ob eine auch nur etwas schnellere Runde möglicherweise zum Sieg führen könnte. Also erfand Neubauer die Informationstafeln, die den Fahrern bei der Boxendurchfahrt entgegengehalten wurden. Neubauer führte auch den geplanten Boxenstopp ein – er wurde zum Seelentröster und zum Entdecker großer Fahrertalente. Alle diese Rollen spielte er über mehr als drei Jahrzehnte hinweg virtuos.

1924 beschlossen die Daimler-Motoren-Gesellschaft und die Firma Benz ihr »Abkommen über die Wahrung gemeinsamer Interessen«, den ersten Schritt zur Fusion des Jahres 1926. Der zukunftsweisende Benz-Tropfen-Wagen wurde zugunsten der Kompressor-Entwicklungen von Ferdinand Porsche eingestellt; er durfte zwar 1925 noch bei einigen kleineren Rennen eingesetzt werden und gewann diese Wettbewerbe auch – trotzdem war seine Zeit vorbei, bevor sie eigentlich begonnen hatte.

Porsche hatte sich mittlerweile an die Konstruktion von zwei verschiedenen Modellen gemacht: Das eine war der Typ »K«, aus dem die berühmten S-, SS- und SSK-Modelle entstehen sollten (siehe auch Seite 77), und parallel dazu kam ein 2-Liter-Reihen-Achtzylinder mit vier Ventilen pro Zylinder und einem Roots-Gebläse. Dieser Motor leistete zwar auf dem Papier 170 PS bei 8000 U/min, verursachte auf der Rennstrecke jedoch vor allem Ausfälle. Daran war zum einen die fehlende mechanische Belastbarkeit schuld, zum anderen das völlig mangelhafte Fahrverhalten des Wagens, zu dem der englische Rennfahrer Raymond Mays bemerkte: »Eine Federung schien nicht vorhanden zu sein, und der Wagen lag wie ein Brett auf der Straße.«

Porsche arbeitete einen Winter lang an der Verbesserung des Wagens, und im Juli 1925 konnte dann Christian Werner im Forstenrieder Park bei München sein erstes Rennen gewinnen. Werner erhielt vom Werk die Erlaubnis, an weiteren Sprint- und Bergrennen teilzunehmen, und er errang bis 1927 noch etliche Siege.

1926 gab es auf der Berliner Avus den ersten Großen Preis von Deutschland. Der veranstaltende AvD hatte – um das Starterfeld zu vergrößern – auch Rennwagen bis 3 Liter Hubraum und Sportwagen in dieser Hubraumkategorie zugelassen. Allerdings mußten die Sportwagen über

Bereits 1922 hatte sich die Carl Benz AG nach Besprechungen mit dem Flugpionier Edmund Rumpler zur Entwicklung des »Tropfen-Wagens« entschlossen. Der 2-Liter-Sportwagen mit 80 PS Leistung wurde nur bei einem wichtigen Rennen eingesetzt: Am 9. September 1923 erreichte er beim Großen Preis von Europa in Monza unter Minoia einen vierten Rang. Das Kennzeichen »IV B« wies übrigens auf die Zulassung in Baden hin.

eine viersitzige Karosserie verfügen, und Porsche montierte an den Achtzylinder einfach einen kleinen Anbau, der die beiden hinteren Sitzplätze darstellte. Der Sieger des ersten Großen Preises von Deutschland wurde genau dieser Wagen: Der Fahrer sollte einer der Größten des Metiers werden – Rudolf Caracciola. Nachdem Otto Merz, mit eben diesem Wagen, auch noch das Rennen auf der Solitude gewonnen hatte, war jenes Triebwerk, das zuerst wie eine Fehlkonstruktion erschien, zu einem der wichtigsten Werbeträger des Hauses geworden.
Auf den Grand-Prix-Strecken war mittlerweile das Zeitalter der Alfa Romeos und der Bugattis ausgebrochen; der von dem legendären Ingenieur Vittorio entwickelte Alfa Romeo P2 (Abb. Seite 127) war nahezu unschlagbar. Der 2-Liter-Reihen-Achtzylinder mit Kompressor leistete bei 5500 U/min 155 PS. Die besten Fahrer dieser Tage steuerten den P2 von Sieg zu Sieg: Alberto Ascari, Campari und ein gewisser Enzo Ferrari, der – nach einigen Siegen und guten Plazierungen – seiner Frau bei der Geburt des ersten Sohnes Dino versprach, mit der Rennfahrerei aufzuhören. Er wurde dann Renn-Chef bei Alfa Romeo und leitete später das offizielle Werk-Team der

Ein weiteres Bild von der Nürburgring-Eröffnung: Dieser Blick auf die Südschleife bot sich den Premierenbesuchern am 19. Juni 1927.

Der Fiat »Mefistofele« des Jahres 1924 erreichte 234,986 km/h. Der 21,7-Liter-Sechszylinder leistete 320 PS – den Mut, dieses Ungetüm zu fahren, hatten nur wenige.

Mailänder unter dem Namen »Scuderia Ferrari«. Nach dem Zweiten Weltkrieg allerdings wurden die eigenen Konstruktionen von Enzo Ferrari zu erbitterten Konkurrenten des Hauses Alfa Romeo.

Bugatti hatte mit dem Typ 35 ebenfalls einen Siegerwagen anzubieten, der zwar nur über 95 PS verfügte – Bugatti weigerte sich noch, einen Kompressor zu verwenden –, der dafür allerdings eine hervorragende Straßenlage und eine erstaunliche Zuverlässigkeit bot. Sunbeam hatte nun auch einen Reihen-Sechszylinder, der dem des Fiat 805 sehr ähnelte; aber das konnte leicht erklärt werden: Der Konstrukteur dieses Fiat-Modells war von Sunbeam abgeworben worden. Bei Delage wurden zwei Reihen-Sechszylinder zu einem Zwölfzylindermotor zusammengesetzt, der dank seiner Zuverlässigkeit viel für den Ruf dieser Marke tat.

1925 war das letzte Jahr der 2-Liter-Klasse, und die Alfa Romeo P2, deren Motoren nun bei 6000 U/min 170 PS leisteten, waren einmal mehr die Fahrzeuge, die es zu schlagen galt. Zwar leistete der Delage-Zwölfzylinder nun bei 7000 U/min 190 PS, aber die Alfas lagen besser, und ein Ascari mußte auch erst einmal geschlagen werden. Leider starb dieser große Fahrer – Vater des noch berühmteren Alberto – im gleichen Jahr beim Großen Preis von Frankreich in Monthléry, und die beiden anderen Alfa-Fahrer brachen ihr Rennen ab. Es siegte ein Delage.

Die 2-Liter-Formel brachte in den wenigen Jahren ihres Bestehens einen erstaunlichen Fortschritt in der Motoren-Technik; hatten die ersten Rennwagen noch etwa 95 PS als Maximalleistung, so waren es nur drei Jahre später schon knapp 200 PS. Im gleichen Zeitraum wuchsen die beherrschbaren Drehzahlen von 4500 auf 7000 U/min, und technische Feinheiten wie Kompressor, Reihen-Achtzylinder bei nur 2 Liter Hubraum und Trockensumpfschmierung wurden selbstverständlich. Es sollte bis zur Mitte der dreißiger Jahre dauern, bis die Formel-Fahrzeuge schnellere Rundenzeiten erreichen würden.

In den 30er Jahren waren es die Mercedes-Achtzylinder, die es zu schlagen galt: Dieser W25 leistete bis zu 402 PS – 1935 hatte er nur die Rennwagen von Auto Union als Gegner.

So stellte sich die italienische Zeitschrift »La Domenica del Corriere« Auto-Akrobaten am Strand von Kalifornien vor.

Unten: Der Alfa Romeo P 2 von 1924, ein überaus erfolgreicher 2-Liter-Reihen-Achtzylinder mit Kompressor und anfänglich 140, später bis zu 170 PS und maximal 225 km/h.

LA DOMENICA DEL CORRIERE

	NEL REGNO	ESTERO
Anno	L. 15,-	L. 40,-
Semestre	» 8,-	» 21,-

Per le inserzioni rivolgersi all'Amministrazione del Corriere della Sera - Via Solferino, 28 - Milano.

Si pubblica a Milano ogni settimana

Supplemento illustrato del "Corriere della Sera,,

Uffici del giornale: Via Solferino, 28 - Milano

Per tutti gli articoli e illustrazioni è riservata la proprietà letteraria e artistica, secondo le leggi e i trattati internazionali.

Anno XXXIV — N. 5 31 Gennaio 1932 - Anno X Centesimi 30 la copia

Una giovine americana suscita l'entusiasmo delle folle di California con una pericolosa acrobazia automobilistica. Dopo aver lanciato a grande velocità una vettura, frenando di colpo le ruote anteriori ella provoca il rovesciamento dell'automobile su apposite guide. I competenti di laggiù ascrivono questo esercizio alla categoria dei più impressionanti "loopings". (Dis. di A. Beltrame)

Bis zum Beginn dieser »750 Kilogramm«-Formel kam jedoch die große Zeit der Tourenwagen – und hier war Daimler-Benz entscheidend beteiligt.

Hierfür war der Typ »K« vorgesehen, dessen Entwicklung ebenfalls von Ferdinand Porsche in Angriff genommen worden war. Der Chefkonstrukteur hatte parallel zu dem für das verwöhnte Publikum vorgesehenen Typ »K« ab Januar 1927 das »S«- oder »Sport«-Modell entwickelt. Die Chassis-Abmessungen wurden unverändert übernommen, das Fahrgestell setzte man jedoch tiefer, und die Bodenfreiheit betrug nun nur noch 152 Millimeter. Außerdem wurde das überarbeitete Triebwerk um 30 Zentimeter weiter nach hinten versetzt; dadurch konnte die Einbauhöhe verringert und die Gewichtsverteilung verbessert werden. Die Leistung betrug mit Kompressor 180 PS, und sie konnte mit einer weiter erhöhten Verdichtung und der Verwendung eines Benzolgemischs auf 220 PS erhöht werden.

Am 18. Juni 1927 wurde der Nürburgring eröffnet (Abb. Seite 123 und 125), der im Rahmen eines Arbeitsförderungsprogramms in der Eifel gebaut worden war. Beim Eröffnungsrennen gewannen die neuen S-Modelle: Rudolf Caracciola, Adolf Rosenberger und Rittmeister von Mosch traten mit drei Wagen an und errangen auch einen Dreifach-Sieg (Abb. Seite 124).

Rudolf Caracciola, der schon mit 22 Jahren seine ersten Siege feiern konnte (Abb. Seite 120), wurde in den nächsten Jahren – neben dem jungen Bernd Rosemeyer – zum großen Idol aller Rennbegeisterten. Er war es, den es zu schlagen galt. Und da Porsche den Weiterentwicklungen immer mehr Leistung entlockte, stapelten sich in Stuttgart die Pokale: 53 erste Plätze und 17 Rekorde konnten 1928 errungen werden.

Mit der ersten SS-Version gelang Caracciola der erste Sieg eines Ausländers bei der legendären britischen Tourist Trophy, die am 17. August 1929 über eine Entfernung von 660 Kilometern ausgetragen wurde.

Für die Sprint- und Berg-Rennen wurde der »SSK« entwickelt, der »Super-Sport-Kurz«, des-

Der Trumpf-Junior-Rekordwagen hatte einen 1-Liter-Vierzylindermotor mit 25 PS Leistung und erreichte im März 1935 auf der Berliner Avus 13 internationale Klassenrekorde. Die aerodynamische Verkleidung ließ den Vorderrädern noch genügend Platz zum Einschlag.

sen Name bereits auf den um 45 Zentimeter verkürzten Radstand hinwies. Dieser deutlich handlichere Wagen, der zugleich über einen Motor mit größerem Kompressor (»Elefanten«-Kompressor – so die werksinterne Bezeichnung) verfügte, gewann 1930 und 1931 die Europäische Bergmeisterschaft. Die Kundenwagen leisteten bis zu 275 PS, der »Elefant« brachte 300 PS an die Hinterachse. Diese Wagen waren mit die letzten Renn-Fahrzeuge, mit denen man am Wochenende zur Rennstrecke fuhr, die Kotflügel demontierte, gewann – und pokalgeschmückt wieder nach Hause fahren konnte.

Kein Wunder, daß ein SSK-Prospekt verkündete: »Wenn Sie mit Ihrem SSK-Modell Rennen fahren wollen, so ist unser Kompressor-Modell als Wunderwerk der Technik das Richtige für Sie.«

Die letzte Evolutions-Stufe war der »SSKL« – der durch intensive Überarbeitung um 125 Kilogramm leichter geworden war. Er wurde in nur drei Exemplaren gebaut, vier weitere Wagen entstanden aus Kundenwagen des Typs SSK, die im Werk entsprechend umgebaut wurden.

Rudolf Carraciola ließ es sich 1931 nicht nehmen, mit diesem Wagen als erster Ausländer die Mille Miglia in Italien zu gewinnen; Hans Stuck gewann ein Berg-Rennen nach dem anderen und holte sich den Titel des Europa-Bergmeisters in den Jahren 1932 und 1933.

Da auch Daimler-Benz von der Weltwirtschaftskrise befallen war und eigentlich kein Geld für den Rennsport hatte, war der SSKL mehr in Feierabend-Arbeit so nebenbei entstanden; und gerade dieses Modell trug dann so viel zum Ruf der Firma bei. Das Tüpfelchen auf dem i war dann der völlig überraschende Sieg von Manfred von Brauchitsch auf dem »Stromlinien«-SSKL beim Großen Preis von Deutschland 1932 auf der Avus (Abb. Seite 129). Niemand hatte mit dem Sieg gegen den stärkeren Alfa Romeo gerechnet, in dem immerhin Rudolf Caracciola hinter dem Steuer saß. Die Form bewährte sich jedoch bestens, und so konnte Brauchitsch auf der Hochgeschwindigkeitsstrecke im Berliner Grunewald gewinnen.

In diesem Jahr 1932 begannen allerdings die Vorbereitungen für einen seit Mitte der zwanziger Jahre ersten reinrassigen Grand-Prix-Wagen. Die oberste internationale Motorsportbehörde (AIACR) hatte am 12. Oktober ein neues Reglement verabschiedet: Es sollte von 1934 bis 1936 Gültigkeit haben und besagte, daß die neuen Formel-Wagen nicht mehr als maximal 750 Kilogramm (ohne Kraftstoff, Öl und Kühlmittel und ohne Reifen) wiegen durften. Dazu hatte die Karosseriebreite mindestens 85 Zentimeter zu betragen, und die Mindest-Renndistanz lag bei 500 Kilometer.

Damit wollten die Funktionäre so »unvernünftige« Rennwagen wie die Maserati V4 und V5 (die zwei parallelliegende Reihen-Achtzylinder besaßen) oder den Alfa Romeo Bimotore (mit je einem Achtzylindermotor vorne und im Heck) verbannen. Diese Formel war natürlich auch das endgültige Aus für den SSKL, der nahezu das Doppelte des limitierten Gewichts wog und damit nicht mehr zugelassen war.

Das große Problem war die Finanzierung eines ganz neuen Rennwagens – und hier trat die Regierung an, die 1933 an die Macht gekommen war und die in den Siegen deutscher Rennwagen die beste Werbung für das neue System sah. Das Verkehrsministerium stellte jährlich einen Fonds von 450000 RM zur Verfügung; dazu kamen Preisgelder in Höhe von 20000, 10000 und 5000 RM für die Plätze eins bis drei. Zwar mußten die Stuttgarter diese Gelder mit Auto Union teilen, aber der finanzielle Anreiz – der knapp ein Drittel des Renn-Budgets bei Daimler-Benz ausmachte – genügte, um sich an die Arbeit zu machen.

Das Pikante an der Situation war der Entwicklungschef des Hauses Auto Union: Ferdinand Porsche, der 1928 bei Daimler-Benz ausgeschieden war, hatte sich an die Ausarbeitung eines Sechzehnzylinder-Motors mit Kompressor gemacht, der zudem noch vor der Hinterachse montiert wurde. Dieser Mittelmotor-Rennwagen (Abb. Seite 132) war seiner Zeit weit voraus, konnte jedoch nur von den wenigsten am Limit gefahren werden. Es bedurfte schon der Fahrkünste eines Bernd Rosemeyer oder eines Tazio Nuvolari, um die 295 PS des 4,4-Liter-Motors zu beherrschen. Das Startgewicht betrug mit den Fahrern 1095 Kilogramm, und so hatte jedes PS nur 3,71 Kilogramm zu bewegen. Die Höchstgeschwindigkeit lag – je nach Übersetzung – bei bis zu 280 km/h.

Die Ingenieure um Fritz Nallinger bei Daimler-Benz hatten konservativere Gedanken. Man baute auf der Basis des Serienwagens vom Typ 380 erst einmal einen einsitzigen Rennwagen mit vorneliegendem Motor und einem ziemlich konventionellen Fahrwerk. Dann kam die Feinarbeit: Der

1932 war der Mercedes SSKL im Renneinsatz eigentlich schon veraltet. Der Aerodynamiker von Koenig-Fachsenfeld baute daraufhin für Manfred von Brauchitsch diesen Stromlinien-SSKL, der sich auf der Avus gegen den Alfa Romeo von Caracciola durchsetzen konnte.

Oben: 2,3 Liter Hubraum, zwei obenliegende Nockenwellen für die Steuerung der 12 Ventile und ein Kompressor sorgten beim Alfa Romeo 6C 2300 von 1936 für brillante Fahrleistungen.

Mitte: W. D. A. Black ist der Besitzer dieses Bugatti Type 51, dessen 2,3-Liter-Reihen-Achtzylinder zusätzlich von einem Kompressor aufgeladen wurde.

Unten: Fiat Corso 806 von 1927.

3,3-Liter-Reihen-Achtzylinder bekam zwei obenliegende Nockenwellen und vier Ventile pro Zylinder. Für die Aufladung sorgte ein Roots-Kompressor, und das Ergebnis waren auf Anhieb 325 PS bei 5500 U/min. Da man sich 280 PS vorgenommen hatte, wuchs die Zuversicht in Stuttgart, und weitere Verbesserungsarbeiten brachten dann – zusammen mit einem Kraftstoffgemisch aus 86% Methylalkohol, 4,4% Nitrobenzol, 8,8% Azeton und 0,8% Äther – 354 PS.

Am 3. Juni 1934 sollte der W25 (Abb. Seite 126) beim Eifelrennen auf dem Nürburgring an den Start gehen – er war jedoch zu schwer geworden: Er wog 751 Kilogramm! Wieder einmal blieb es Alfred Neubauer vorbehalten, die Situation zu retten: Er ordnete an, die weiße Farbe von der Karosserie abzuschleifen – die »Silberpfeile« waren geboren. Mit der nackten Alu-Karosserie gewann dann Manfred von Brauchitsch dieses Auftakt-Rennen.

Die Rennwagen von Alfa Romeo, Bugatti und Maserati hatten in den nächsten Jahren nicht mehr viel zu gewinnen. Von den 15 Grand-Prix-Rennen der Jahre 1934 bis 1936 ging nur ein Sieg an Alfa Romeo – das war allerdings der Große Preis von Deutschland am 28. 7. 1935, den Tazio Nuvolari vor Hans Stuck auf Auto Union gewann. Es soll allerdings fairerweise gesagt werden, daß der überlegen führende von Brauchitsch zehn Kilometer vor Schluß eine Reifenpanne hatte und auf drei Rädern noch als Fünfter ins Ziel kam.

Acht Siege gingen an Daimler-Benz, sechs an Auto Union. Selten haben zwei Firmen die Grand-Prix-Szene in einem solchen Maße beherrscht. Und auch die Langstreckenrennen wurden eine sichere Beute der deutschen Firmen: Es fanden zwölf Rennen statt – sieben gingen nach Stuttgart, drei an die Mittelmotor-Auto-Union-Fahrzeuge. Alfa Romeo schließlich gewann 1936 den Großen Preis von Barcelona und den Großen Preis von Ungarn mit Nuvolari am Steuer. Diese beiden gehörten aber trotz des Namens »Großer Preis« nicht zu den Rennen um die Europameisterschaft.

Im Fahrerlager des Nürburgrings begegneten sich 1936 ein 5-Liter-Achtzylinder-Coupé von Horch und die von Ferdinand Porsche konstruierten 16-Zylinder-Mittelmotorwagen von Auto Union. Mit 520PS und einer Höchstgeschwindigkeit von etwa 340 km/h erreichten sie einen Doppelsieg: Bernd Rosemeyer gewann vor Hans Stuck.

Natürlich hatten Mercedes-Benz und Auto Union im Lauf dieser Jahre deutlich mehr Leistung bereitstellen können: Der W25 erhielt immer mehr Hubraum, am Schluß waren es 4,7 Liter und 473 PS, und der Auto-Union-Wagen hatte 6 Liter Hubraum und 520 PS; die Höchstgeschwindigkeit lag entsprechend bei 340 km/h.
Obwohl ab 1938 ein neues Reglement eingeführt werden sollte, das bei aufgeladenen Motoren nur noch 3 Liter Hubraum erlaubte, wurde für die Saison 1937 in Stuttgart noch einmal ein neuer Wagen gebaut – die Auto-Union-Modelle waren zu stark und dominierend geworden. Der W125 hatte nun einen Hubraum von 5,7 Liter und leistete bis zu 575 PS. Mit diesem Wagen holte man dann zwei Doppel- und zwei Dreifach-Siege gegen einen Doppel-Sieg von Auto Union.
Dessenungeachtet hatten beide Firmen damit angefangen, ihre Fahrzeuge für die nächste Saison zu entwickeln. Auto Union setzte auf einen 3-Liter-Zwölfzylinder, der immerhin 485 PS entwickelte – und natürlich war auch dieser Typ »D« wieder mit einem Mittelmotor ausgestattet. Die Höchstgeschwindigkeit betrug 330 km/h, und 1938 und 39 wurden elf Rennen gewonnen.
Auch Daimler-Benz hatte auf einen Zwölfzylinder gesetzt, der mit vier obenliegenden Nockenwellen und vier Ventilen pro Zylinder schon modernste Rennwagentechnik darstellte. Der W154, wie er werksintern bezeichnet wurde, leistete 1938

Ein Rennwagen mit Raketenantrieb: Fritz von Opel erreichte am 23. Mai 1928 mit dem RAK 2 auf der Berliner Avus etwa 230 km/h – jede der 24 Raketen im Heck besaß eine Schubkraft von 250 kg.

Der Mittelmotor-Auto-Union-Rennwagen war technisch seiner Zeit weit voraus; er konnte jedoch nur von wenigen Rennfahrern perfekt beherrscht werden.

bis zu 460 PS, ein Jahr später waren es dann 480 PS.

Im ersten Jahr dieser neuen Formel, 1938, gewannen die Daimler-Benz-Wagen sechs Rennen, der Rest ging an Auto Union, und ein Jahr später wurde dann Hermann Lang auf Daimler-Benz Europameister. Und wieder hatten die anderen Produzenten nur verloren.

So war es dann auch kein Wunder, daß ab 1936 die »Voiturette«-Rennen, die mit Fahrzeugen bis 1,5 Liter Hubraum gefahren wurden, bei den Franzosen und Italienern immer beliebter wurden. Hier konnten die Maseratis und die Bugattis und eine Vielzahl englischer Hersteller unter sich fahren.

Für 1939 hatten dann die Italiener die Idee, den Großen Preis von Tripolis, der auf dem superschnellen Mellaha-Kurs in der italienischen Kolonie Libyen ausgetragen wurde, nur noch für 1,5-Liter-»Voiturette«-Wagen zuzulassen. Damit sollte die Siegesserie der deutschen Rennwagen unterbrochen werden, die bei diesem mit hohen Preisgeldern dotierten Rennen seit der Einweihung im Jahr 1934 dominierten.

Zwar hatten die kleineren und leistungsschwächeren Wagen bereits im Vorjahr in Sonderwertung mitfahren dürfen – die Italiener wollten jedoch auch einmal wieder einen Alfa Romeo oder einen Maserati siegen sehen.

Da 1938 Piero Taruffi die 1,5-Liter-Klasse auf einem Maserati gewonnen hatte, schienen die Chancen auch für 1939 gut zu stehen. Im September 1938 verkündete also der italienische

Es gab aber auch Rennen für Kleinwagen: Hier der Start der 4-PS-Klasse auf der Avus in Berlin.

Motorsport-Verband, daß alle Monoposto-Veranstaltungen der kommenden Saison nur noch mit Wagen der Voiturette-Kategorie ausgetragen werden würden.

Alfred Neubauer hörte von dieser Entscheidung am 11. September beim Großen Preis von Italien; am 15. September beschloß der Daimler-Benz-Vorstand in Untertürkheim, das Unmögliche zu versuchen und bis zum Mai des nächsten Jahres einen vollständig neuen Rennwagen entwickeln zu lassen. Am 18. November erfolgte der offizielle Konstruktionsauftrag, bei dem die Fertigstellung von drei Chassis des Typs W 165 und drei Motoren des Typs M 165 angeordnet wurde.

Nach fünf Monaten waren Mitte Februar 1939 die Konstruktionszeichnungen fertiggestellt. Man hatte einen Achtzylindermotor gewählt, der – um sich nicht des Plagiats der Reihen-Achtzylinder von Alfa Romeo auszusetzen – in V-Form entworfen wurde. Natürlich hatte der 1495 ccm große Motor vier Ventile pro Zylinder und vier obenliegende Nockenwellen zur Steuerung der mit Quecksilber gekühlten Ventile. Für die Aufladung sorgten zwei einstufige Roots-Kompressoren, die mit einem Ladedruck von 1,4 at arbeiteten.

Als Anfang April 1939 die ersten Testfahrten in Hockenheim gefahren wurden, leistete der W 165 immerhin 246 PS, die bei dem auf Tripolis ausgelegten Fünfganggetriebe für 272 km/h reichten. Diverse Feinarbeiten ermöglichten noch eine weitere Steigerung auf 260 PS – das waren rund 40 PS mehr, als die Alfa Romeo 158 leisteten, und die Maserati 4 CL-Modelle brachten ebenfalls etwa 220 PS an die Hinterachse. Luigi Villoresi, der einen stromlinienförmig verkleideten 4 CL fuhr, konnte zwar am zweiten Trainingstag (dem 5. Mai) die schnellste Rundenzeit fahren, die mit 3:41,8 min einen Schnitt von 211,7 km/h darstellte.

Im Rennen selbst errangen dann die beiden W 165 von Daimler-Benz unter Hermann Lang und Rudolf Caracciola einen sensationellen Doppelsieg vor Guiseppe Farina auf Alfa Romeo und Piero Taruffi auf einem Maserati.

Der W 165 sollte 1940 in Tripolis wiederum antreten; zwei neue Wagen und Motoren waren in Auftrag gegeben worden, und die Achtzylinder leisteten nun 278 PS – der Krieg durchkreuzte jedoch diese Pläne. Der W 165 wurde nur einmal gefahren – und hatte auf Anhieb gewonnen.

Der dritte Beginn

Werbung aus dem Jahr 1954: Vor dem »Clipper Constitution« der PAA steht ein Opel Kapitän, dessen Sechszylindermotor nun 68 PS leistete. Besonders stolz war man auf die komfortsteigernden Schaumgummipolster in den Sitzen.

Einmal mehr begannen nach Ende des Zweiten Weltkrieges die Konstrukteure damit, die Autoindustrie neu aufzubauen. In Europa waren die Fabriken zumeist zerstört – was in Deutschland noch stand, wurde demontiert und in die Länder der Siegermächte transportiert. So bauten die Russen noch jahrelang die Opel-Kadett-Modelle der Vorkriegszeit, und auch manche britische und französische Modell-Reihe basierte auf deutschen Mustern. Später, als sich die Wirtschaft der neuerrichteten Bundesrepublik Deutschland zu erholen begann, stellten sich diese Demontagen als großer Vorteil für die westdeutschen Firmen heraus; sie waren gezwungen, beim Punkt Null anzufangen, und sie konnten ihre neuen Produktionsanlagen von Anfang an optimal auslegen.

Zunächst einmal mußte jedoch erst der Schutt weggeräumt werden. Ein Vorstands-Bericht der Daimler-Benz AG aus dem Jahr 1946 äußerte sich zu diesem Thema so: »Im Rahmen der weitgehend eingeschränkten Möglichkeiten wurde nun begonnen, die Belegschaft in die Fabriken zurückzuführen, alle Maßnahmen zu treffen, um die Trümmer zu beseitigen, die notdürftigsten Instandsetzungen durchzuführen und zunächst mit der Reparatur von Fahrzeugen zu beginnen. In der ersten Zeit sind zudem Plünderungen, später Requisitionen und dergleichen erfolgt, die empfindliche Einbußen gebracht haben. Wenn man zunächst annahm, daß es möglich sein würde, mit aller Energie die Verhältnisse notdürftig zu ordnen und einen raschen Neuaufbau anzustreben, für den die finanziellen Voraussetzungen an sich gegeben waren, so zeigte sich doch bald, daß der Weg hierzu ein sehr langwieriger werden sollte.«

Unter diesen schwierigen Startbedingungen hatten auch die anderen Hersteller zu leiden. Schließlich war in den ersten Nachkriegsjahren der Kauf von Kraftfahrzeugen nur auf Bezugs- und Berechtigungsscheine möglich, und über diese Scheine verfügten zunächst fast nur die Militärregierungen der Besatzungszonen. Man darf also davon ausgehen, daß die 9931 Automobile, 9160 Liefer- und Lastwagen, 2003 Zugmaschinen sowie die 3320 Anhänger des Jahres 1945 zum größten Teil in deren Kanäle flossen.

Diese Zahlen verdanken wir übrigens dem am 2. Mai 1945 gegründeten »Verband der Automobil-Industrie« (VDA), der bis heute das Sprachrohr der Automobil- und deren Zubehör-Industrie geblieben ist.

Es dauerte etwa bis zum Jahr 1950, bis wieder von einer größeren Typenvielfalt gesprochen werden konnte. In den Jahren 1945 bis 1947 pro-

Am 27. Juni 1940 wurde die Ausschreibung der US Army für einen geländegängigen 4 × 4-Vierteltonner herausgegeben – das Ergebnis war der Jeep. Hier sind einige dieses Geschichte machenden Geländewagens beim Einsatz im Koreakrieg, Frühjahr 1951, zu sehen.

duzierten in Deutschland nur drei Firmen Automobile: Das Volkswagenwerk stellte 20146 Exemplare des VW 1200 – des Käfers also – her. Dazu wurden ganze 20 Fahrzeuge des Typs Opel Olympia und 612 Mercedes-Benz der 170er Baureihe gebaut. 1948 kamen dann noch der Opel Kapitän und der Ford Taunus hinzu. Und 1949 erschien als fünfter Hersteller Borgward; der Senator h.c. aus Bremen begann seine Nachkriegskarriere mit 1148 Stück Hansa 1500.

1950 konnte der Käufer schon unter 14 verschiedenen Modell-Reihen wählen – VW verkaufte in diesem Jahr 82399 Exemplare des Käfers mit dem 1,2-Liter-Motor. Opel brachte 41341 Olympia-Modelle an den Mann, dazu kamen 18649 der teuren Opel-Kapitän-Modelle. Der Ford Taunus verkaufte sich in 24443 Exemplaren, und Mercedes-Benz lieferte 33906 der 170er-Modelle aus. DKW begann mit einer Produktion von 1540 Stück der F89-Baureihe, und Borgward lieferte in diesem zweiten Jahr des Bestehens schon 8751 Exemplare des Hansa 1500 aus. Dazu hatte man in Bremen mit der Produktion des kleinen Goliath GP 700 begonnen, der – neben einigen anderen Fahrzeugen – mit seinem 688 ccm großen Zweizylinder-Zweitaktmotor und 24 PS Leistung die Ära der Kleinwagen einleitete. 849 Exemplare dieses 6420 DM teuren Fahrzeugs wurden 1950 verkauft.

Mit auf dieser Kleinwagen-Welle schwamm der Lloyd 300, der zum Preis von nur 3334 DM auf Anhieb ein Verkaufsschlager wurde. Bis 1957 wurden von dem Zweizylinder-Zweitakter (einschließlich der 400er-Version) nahezu 138000 Fahrzeuge gebaut. Damit stand der »Leukoplastbomber«, wie er vom Publikum wegen seiner Ka-

Da der Brennstoff nach dem Krieg knapp blieb, gab es immer mehr Holzvergaser-Autos. Der Mercedes-Benz Typ 170 VG leistete 22 PS, fuhr 80 km/h schnell und verbrauchte auf 100 Kilometer 15 Kilogramm Holz.

Der Präsident der Französischen Republik, Vincent Auriol, betrachtete am 6. Oktober 1948 bei der Eröffnung des Pariser Autosalons den ersten Serien-2 CV. – Die Journalisten erklärten den Kleinwagen zur »Badewanne des Jahrhunderts«; sechs Monate später war die Produktion bei Citroën für die nächsten sechs Jahre ausverkauft.

rosserie aus Sperrholzschalen mit Kunstlederbezug genannt wurde, gegen 1955 hinter VW und Opel an dritter Stelle der Zulassungsstatistik. Gutbrod war ein weiterer Bewerber auf dem hart umkämpften Kleinwagenmarkt. Hier war Dr. Hans Scherenberg der technische Leiter – eben jener Hans Scherenberg, der später bei Daimler-Benz Entwicklungs-Vorstand werden sollte. Der Gutbrod Superior, der wegen seiner sportlichen Fahreigenschaften und wegen seiner – für damalige Verhältnisse – eleganten Karosserie ziemlich beliebt war, wurde bis 1954 in 7726 Exemplaren montiert. Für den Vortrieb sorgte ein Zweizylinder-Zweitaktmotor mit 593 ccm Hubraum und 20 PS Leistung; die Höchstgeschwindigkeit lag bei 100 km/h, und der Preis betrug 4280 DM. 1950 konnten 560 dieser zweisitzigen Kabrio-Limousinen abgesetzt werden.

Fiat begann in Heilbronn mit der Montage des Typs 500 C, dem Nachfolger des legendären »Topolino«; hier verteilten sich die 570 ccm Hubraum auf vier Zylinder, und die 16,5 PS brachten bis 95 km/h. Die Kundschaft konnte zwischen der Kabrio-Limousine (4900 DM) und einer zweitürigen Kombi-Version (5200 DM) wählen. In den ehemals von NSU übernommenen Werken wurden 1047 Exemplare dieses 500 C gebaut, dazu kamen die ersten zwei Exemplare des Fiat 1400. In Herrlingen bei Ulm versuchte sich Dipl.-Ing. Hermann Holbein mit dem Verkauf seiner Champion-Kleinwagen, die in verschiedenen Variationen mit 250 ccm, 400 ccm und 500 ccm (Leistung zwischen 14 und 18 PS) angeboten wurden. Die Preise fingen bei 2650 DM an, und im ersten Produktionsjahr wurden 106 Fahrzeuge ausgeliefert.

6440 Mark mußte der Käufer 1950 für den Taunus Spezial hinlegen, dafür bekam er eine zweitürige Limousine mit breiterem verchromtem Grill und einem 34 PS starkem Vierzylindermotor (1172 ccm Hubraum); die Höchstgeschwindigkeit betrug 105 km/h.

Last not least begann dann noch »Ferry« Porsche, der Sohn des legendären Ferdinand Porsche, mit der Serienproduktion des Porsche 356 in Stuttgart-Zuffenhausen. 335 Exemplare des 10200 DM teuren Coupés und 12200 DM teuren Kabrioletts wurden ausgeliefert. Zwar hatte man bereits ab 1948 in Gmünd (im österreichischen Bundesland Kärnten) 50 Coupés und vier Kabrioletts in Handarbeit montiert – von einer Serienproduktion konnte dabei allerdings nicht gesprochen werden.
Im nachhinein dürfte es sich auch als richtig erwiesen haben, daß die Produktion nicht auf der Basis des Mittelmotor-Roadsters begonnen hatte (Abb. rechts), der seiner Zeit zwar technisch weit voraus war, dem Kunden jedoch weder Kofferraum noch Komfort bieten konnte. Der 356 hingegen, der in seiner ersten Version einen 1,1-Liter-Vierzylinder mit 40 PS hatte, erreichte bereits 140 km/h – und hatte nur wenige andere Fahrzeuge zu fürchten.
Damit waren – bis auf die Firma BMW, die erst 1952 mit der Produktion des 501 wieder in den Konkurrenzkampf eingriff – alle großen Hersteller etabliert. Dazu kam dann noch eine Vielzahl kleinerer Produzenten, die ihr Glück mit dem Bau von Kleinwagen versuchten: Das dreirädrige Fuldamobil mit 200- und 250-ccm-Motoren ging von 1951 bis 1960 in rund 1500 Exemplaren zu Preisen von etwa 3000 DM weg. Bis 1954 konnte die Firma Kleinschnittger etwa 2500 Stück des kleinen F125-Sport-Zweisitzers verkaufen. Mit ihm bekam der Kunde für 2400 DM praktisch keinen Kofferraum und einen 125-ccm-llo-Motor angeboten; dafür bestand die Karosserie aus Aluminium. Von 1956 bis 1958 baute Egon Brütsch aus Stuttgart den Victoria Spatz. Anfänglich sorgte ein 200-ccm-Sachs-Motor mit 10 PS für 75 km/h. Später wurde der Einzylinder auf 250 ccm vergrößert, und die Leistung wuchs auf 14 PS. Dieser knapp 100 km/h schnelle Dreisit-

Die Nummer 1:
Mit diesem zweisitzigen Mittelmotor-Roadster begann Ferdinand Porsche – damals noch auf der Basis von VW-Bauteilen – im Jahr 1948 Autos unter seinem Namen zu bauen.

FILM BÜHNE WIEN
HOTEL AM ZOO

Wie sehr das Thema »Automobil« auch die Künstler beschäftigt hat, zeigt dieses Plakat der Stadt Berlin, das 1951 unter dem Titel »This is Berlin« für die geteilte Stadt werben sollte.

zer sah zwar ziemlich schick aus, er litt jedoch unter der Tatsache, daß sich seine Kunststoffkarosserie nur allzuleicht mit dem Benzin vollsaugte, das bei unsauberem Betanken – oder auch in Form von Benzindämpfen – mit ihr in Berührung kam. Dann konnte ein heiß gewordenes Auspuffrohr genügen, und der Victoria Spatz brannte in kürzester Zeit aus.

Der Messerschmitt-Kabinenroller erinnerte an die Pilotenkanzel eines Jagdflugzeugs und wurde in rund 66 000 Exemplaren zu Preisen zwischen 2 100 und 3 725 DM verkauft. Die Heinkel-Kabine war eine Variation des Themas »Isetta« mit einem 198 ccm großen Einzylindermotor und 10 PS Leistung. Die Isetta selbst, von BMW nach einer Lizenz der italienischen ISO-Werke gebaut, brachte mit über 160 000 verkauften Exemplaren das so dringend benötigte Geld in die Kassen der Münchener. Die Isetta sorgte für die Sanierung der Finanzen, sie brachte jedoch auch Image-Schwierigkeiten: Einerseits bestand die BMW-Kundschaft aus Kleinwagen-Fahrern, die für ihre 12 PS starken Isettas 2 580 DM angelegt hatten und 85 km/h erreichten – andererseits gab es die großen 502-Achtzylinder mit 120 und 140 PS zu Preisen von 16 950 DM an aufwärts. Selten hatten Verkäufer einer Marke zwei so unterschiedliche Modellreihen zu vertreten.

Mehr komisch als verkäuflich war der Zündapp Janus, bei dem um einen 248 ccm großen Einzylinder-Zweitakt-Motor mit 14 PS Leistung zwei Sitzbänke montiert waren, eine in und die andere gegen die Fahrtrichtung mit je einer Türe vorne und hinten. Kofferraum gab es keinen, und nur allzuoft blieben die Magennerven der hinten Sitzenden auf der Strecke. Obwohl die Fachpresse das Fahrverhalten hervorragend beurteilte, schlief die Produktion nach nur zwei Jahren und 6 902 gebauten Exemplaren 1958 wieder ein.

Die aus den dreißiger Jahren stammende Konstruktion von Ferdinand Porsche hatte sich als die beste herausgestellt: Der Käfer lief und lief und wurde zum echten »Volkswagen«. Seit 1945 in über 20 Millionen Exemplaren produziert, ist er auch heute – 50 Jahre nach den ersten Prototypen – noch fester Bestandteil des VW-Lieferprogramms, wenn auch jetzt in Mexiko gebaut. Der Käfer wurde von Jahr zu Jahr weiter verbessert, er war (und ist) nahezu unverwüstlich, reparaturfreundlich und wertbeständig. Mit ihm entwickelte sich VW zu einem der größten Automobil-Konzerne der Welt, und mit den vom Käfer erbrachten Gewinnen konnte die neue Generation der wassergekühlten Frontantriebs-Wagen entwickelt werden, die unter den Namen Golf, Passat, Polo die heutigen Eckpfeiler bei VW sind.

Die Entwicklungsgeschichte des Käfers hatte in Frankreich eine erstaunliche Parallele: Auch hier hatte in den dreißiger Jahren ein Mann – der Generaldirektor des Hauses Citroën, Pierre Boulanger – ein »Volks«-Auto von seinen Ingenieuren

3400 Exemplare des MG T.F. wurden produziert; der 1,5-Liter-Motor leistete 63 PS, und die 142 km/h Höchstgeschwindigkeit genügten in den USA, dem wichtigsten Markt, allemal.

Ein weiterer Ford Taunus diesmal die Standard-Limousine, die ab 1949 zum Preis von 6965 DM angeboten wurde.

Enzo Ferrari, der ehemalige Rennleiter von Alfa Romeo, baute nach dem 2. Weltkrieg ein Renn- und Sportwagen-Imperium auf, das bis heute ein hohes Ansehen genießt: 1952 entwarf Pininfarina auf der Basis des Typs 212 Inter – 2,6 Liter Hubraum und 12 Zylinder mit 160 PS – dieses Kabriolett.

Der Jaguar Mark VII wurde 1950 vorgestellt und besaß die Technik des legendären XK 120: Der Reihen-Sechszylinder hatte einen Hubraum von 3,5 Liter, und die Leistung betrug 160 PS, die allerdings ein Wagen-Gewicht von 1750 Kilogramm zu bewältigen hatten.

gefordert. Es sollte vier Personen so komfortabel und ökonomisch wie möglich befördern. Um seine Ansprüche etwas plastischer darzustellen, hatte Boulanger gefordert, daß »der Bauer eine Kiste Eier unbeschädigt zum nächsten Markt« bringen können müsse.
Das Ergebnis hatte verblüffende Ähnlichkeiten mit dem Käfer: Beide Modelle hatten einen Boxermotor (VW: vier Zylinder – Citroën: zwei Zylinder), beide waren luftgekühlt (»Luft kann im Winter nicht einfrieren«), beide hatten ihre Motoren an Extrempositionen (VW: hinter der Hinterachse – Citroën: vor der Vorderachse), damit der Innenraum so groß wie möglich gehalten werden konnte und keine Kardanwelle Platz wegnahm. Sowohl der 2 CV als auch der Käfer besaßen – für die damalige Zeit – Räder mit ungewöhnlich großem Durchmesser, die den Komfort verbesserten.
Als Boulanger 1936 die ersten Prototypen (Abb. Seite 101) besichtigte, erfüllten sie seine Forderungen: Die Wagen konnten vier Personen mit 50 Kilogramm Gepäck 50 km/h schnell befördern; dazu kam der bestandene »Eier-Test«, und die Geräumigkeit wurde überprüft, indem Boulanger den 2 CV mit aufgesetztem Hut bestieg. Der Hut blieb auf dem Kopf, der Wagen war genehmigt. Durch den Krieg kam es jedoch erst 1948 zur Präsentation (Abb. Seite 136), und während die Kritiker sich über die Form lustig machten (»Die Badewanne des Jahrhunderts« und »Wo ist bitte der Büchsenöffner montiert?«), konnte Citroën ein Jahr später eine Lieferfrist von sechs (!) Jahren bekanntgeben. Und wie der Käfer wird auch der 2 CV noch heute gebaut.
Während sich der Volkswagen seine eigene Klasse von Käufern schuf, die sich ohne Rücksichtnahme auf soziale Strukturen vom Bankdirektor bis zum Studenten, von der Hausfrau bis zum Maurermeister erstreckte, gab es natürlich auch einen Markt für die Arrivierten: Daimler-Benz verstand es vortrefflich, den Ruhm der Marke aus der Vorkriegszeit in die Gegenwart hinüberzutragen.
Bis zum heutigen Tage hat es die Konkurrenz schwer, ihre gehobene Mittelklasse und die Fahrzeuge der Spitzenkategorie gegen die Automobile der Marke mit dem Stern antreten zu lassen. Der »Adenauer«-Mercedes wurde zum Sinnbild für einen erfolgreichen Geschäftsmann; wer sich gar das 300er-Kabriolett leisten konnte, erregte Aufsehen wie ein Filmstar. Aber auch die Sechszylinder-Modelle der 220er-Baureihe (die ab 1958 auch als erste Großserien-Modelle mit einer Bosch-Einspritzanlage unter der Bezeichnung 220 SE verkauft wurden) brachten ihrem Besitzer jenes Maß an Anerkennung ein, das ein Opel Olympia Rekord oder ein Borgward Hansa 2400 niemals hervorgerufen hätte.
Da half auch nicht die ausgefallenste Reklame: Selbst der Anblick eines Opel Kapitän vor dem

Clipper »Constitution« der Pan American Airways (Abb. Seite 134) sorgte nicht für das Plus an Image, das die Stuttgarter offensichtlich abonniert hatten.
Dabei waren die Kapitän-Modelle die preisgünstigten und wirtschaftlichsten Fahrzeuge der oberen Klasse auf dem deutschen Markt: 1954 hatte der Käufer für den 2,5-Liter-Reihen-Sechszylinder mit 71 PS, der immerhin 138 km/h schnell war, nur 9 660 DM zu bezahlen. Allerdings konnten sich die Rüsselsheimer damit trösten, daß ihr Kapitän in erfreulichen Stückzahlen verkauft wurde: Von der im November 1953 vorgestellten Version mit der Ponton-Karosserie wurden bis zur Modelländerung im Juli 1955 insgesamt 61543 Exemplare ausgeliefert.
Der große Erfolgswagen war jedoch der Opel Olympia Rekord, der auf Anhieb durch seine Wirtschaftlichkeit und seine gute Verarbeitung zu überzeugen wußte. Die Reihen-Vierzylinder waren praktisch unverwüstlich, und die knapp 130 km/h Höchstgeschwindigkeit genügten allemal. Die Preise lagen bei etwa 6500 DM, und die Kombi-Version mit dem Namen Caravan wurde für viele kleine Unternehmer zum unentbehrlichen Transportmittel.
Der größte Konkurrent von Opel war stets Ford – die deutsche Tochter des amerikanischen Konzerns. Hier begann die Produktion mit dem Ford Taunus (Abb. Seite 139), der sich vom Vorkriegsmodell des gleichen Namens nur durch Querstabilisatoren, eine andere Lenkung und einige Detailveränderungen unterschied. Von diesem Modell, das rasch den Spitznamen »Buckel-Taunus« erhielt, wurden von Ende November 1948 bis Januar 1952 insgesamt 74 128 Wagen gebaut: 62 828 Limousinen und Kabrios sowie 11 300 Kasten- und Kombiwagen (Abb. Seite 137).
Es folgten diverse Ford-Taunus-Modelle, die sich in großen Stückzahlen absetzen ließen und denen stets auch Kabrioletts zur Seite gestellt wurden (Abb. Seite 147), die zwar nur geringe Stückzahlen erreichten, dafür aber das Ansehen der »normalen« Modelle und die Verkaufsziffern steigerten.

Carl F.W. Borgward hatte 1929 bei den Goliath-Werken die Aktien-Majorität übernommen, und bis 1961 wurden Fahrzeuge in seinen Firmen gebaut. Der Borgward Hansa 1800, für den hier so nett geworben wird, hatte 60 PS Leistung, erreichte 136 km/h und kostete, 1953, 8880 DM.

Interessant ist, daß sich Ford zu diesen Zeiten noch nicht an die Produktion von Luxus-Wagen wagte. Es dauerte bis zum Ende der sechziger Jahre, bis der erste 2,6-Liter-Sechszylinder im Programm auftauchte.
Da hatte Carl F. W. Borgward weniger Bedenken: Er überraschte sein Publikum im Oktober 1952 mit dem Borgward Hansa 2400, der für 12 950 DM einen 2,4-Liter-Reihen-Sechszylinder mit 82 PS Leistung und eine Höchstgeschwindigkeit von 150 km/h bot. Leider war der Wagen bei seiner Präsentation technisch noch nicht ausgereift, und so wurden bis zum Sommer 1955 nur 1032 Exemplare verkauft. Das deutlich technisch und optisch verbesserte Nachfolge-Modell litt unter dem Ruf der ersten Ausgabe so stark, daß bis

Alfa Romeo begann nach dem 2. Weltkrieg die Produktion mit äußerst luxuriösen Modellen: Hier ein 6C 2500 Touring Super Sport Coupé mit der schönen Bezeichnung »Villa d'Este«. 680 Fahrgestelle wurden von 1947 bis 1952 gebaut – und zumeist mit Sonderkarosserien versehen. 90 PS sorgten für 155 km/h.

zum November 1958 nur noch 356 Stück des Hansa 2400 an den Mann gebracht werden konnten.
Von der Vierzylinder-Version, dem Hansa 1800 (Abb. Seite 141), konnten wenigstens 8111 Exemplare verkauft werden (darunter 999 Kombi-Modelle).
Der Nachfolger des Hansa 1800 wurde die Isabella – ein Traumwagen der fünfziger Jahre. Die Isabella galt mit ihrem 1,5-Liter-Vierzylinder und anfänglich 60 PS (aus denen später 75 PS werden sollten) als ungewöhnlich sportliches Fahrzeug. Die Straßenlage war hervorragend, und wenn sich Borgward nicht mit einer zu großen Anzahl der Modell-Reihen finanziell übernommen hätte, wäre BMW nur schwerlich das Kunststück gelungen, den Markt für »sportliche« Limousinen so kampflos zu übernehmen.
Die 1932 entstandene Auto Union AG, aus den Firmen Audi, DKW, Horch und Wanderer zusammengefügt, war 1945 entschädigungslos enteignet worden. Die in Sachsen beheimateten Werke hatten keine Möglichkeit mehr, nach Westdeutschland zu liefern – und so begannen Dr. Richard Bruhn und Dr. Carl Hahn (der Vater des jetzigen Vorstands-Vorsitzenden von VW) das Zentraldepot von Auto Union in Ingolstadt als Basis einer neuen Auto Union im Westen auszubauen. Waren bislang in Ingolstadt nur Ersatzteile für die noch vorhandenen Vorkriegs-Fahrzeuge von Auto Union gelagert worden, so begann man 1949 mit der Produktion von DKW-Motorrädern und DKW-Lieferwagen.
Dazu kamen dann die DKW-Meisterklasse- und DKW-Sonderklasse-Modelle, die mit Zwei- und Dreizylinder-Zweitaktmotoren (23 und 34 PS) ausgestattet waren. Wurden von der Meisterklasse noch 59475 Fahrzeuge verkauft, so waren die Modelle der Sonderklasse mit 57407 Exemplaren eigentlich noch erfolgreicher. Das große Erfolgsmodell des Hauses wurde jedoch der DKW 3=6, der von September 1955 bis Juli 1959 in insgesamt 137800 Stücken ausgeliefert wurde. Bei dem 3=6 sorgte ein 1-Liter-Dreizylinder-Zweitaktmotor mit 38 PS (später 40 PS) für 120 km/h, und der Preis von anfänglich 5455 DM galt als angemessen.
Trotz dieser stolzen Zahlen kam DKW in finanzielle Schwierigkeiten, als die Kundschaft dem lauten und immer leicht schmierigen Zweitakter den Rücken kehrte – und DKW hatte keine Alternative zu bieten. Da halfen auch keine kleinen spar-

samen Modelle, wie beispielsweise der F12, dessen 0,9-Liter-Dreizylinder auf 100 Kilometer mit acht Litern Zweitakt-Gemisch auskommen sollte. Und selbst das hübsche Kabrio (Abb. Seite 157) konnte die verlorenen Kunden nicht zurückgewinnen. 1958 kaufte sich dann Daimler-Benz bei der Auto Union GmbH ein, entwickelte einige Modelle, steckte viel Geld in die Produktionsanlagen – und trennte sich 1965 wieder von dieser Firma. Dann übernahm VW die Auto Union GmbH, baute noch bis zum Februar 1966 den 1,2-Liter-DKW-F102 und begann im September 1965 bereits mit der Montage des ersten Audi. Dieser 1,7-Liter-Vierzylinder, von Daimler-Benz bereits bis zur Serienreife entwickelt, war im Kaufpreis enthalten und begründete den neuen Ruf von

1956 wurde die Leistung des Opel Olympia Rekord von 40 auf 45 PS erhöht – die Höchstgeschwindigkeit betrug nun 120 km/h, der Preis 6410 DM. Dazu gab es ein neues Kühlergitter und ein größeres Heckfenster.

Die Luxusmarke Pegaso existierte nur von 1951 bis 1957. In dieser Zeit verließen ganze 125 Fahrzeuge mit den aufwendigen Achtzylindermotoren (bis zu 300 PS!) das Werk in Barcelona. Das Bild zeigt zwei Touring-Coupés.

Audi. Heute ist diese Marke das Flaggschiff des VW-Konzerns.

Die fünfziger Jahre brachten entscheidende Veränderungen: Zum erstenmal wurde das Automobil für die breite Masse erschwinglich: Der Sonntagsausflug, die Urlaubsfahrt nach Italien, der Besuch bei fernen Freunden – alles war mit einem Käfer oder einem Opel Olympia möglich. Das Auto wurde sogar billiger: Der VDA veröffentlichte 1961 eine Statistik, aus der hervorging, daß seit dem Jahr 1951 (Index 100) die Pkw-Preise auf 88 gesunken waren, während die Löhne auf 250 anstiegen und sich die Stahlpreise verdoppelt hatten. Dazu kam, daß die Autos haltbarer und unempfindlicher wurden; die Wartungsintervalle wuchsen; keine Rede mehr von wöchentlicher Versorgung der Schmiernippel wie in der Vergangenheit; über so was konnte man nur noch milde lächeln!

Der Import ausländischer Automobile wurde anfänglich vernachlässigt, obwohl die Franzosen, Engländer und Italiener manche technische Finesse anzubieten hatten. Besonders der italienische Fiat-Konzern entpuppte sich als Massenproduzent par excellence: Der Topolino wurde in modernisierter Version bis 1955 gebaut und dann durch den Fiat 600 ersetzt. Wer gerne etwas mehr Leistung hatte, konnte zu den 1100er-Modellen greifen, die über 36 PS verfügten und als ausgesprochen schnell und sportlich galten. Und die 1400er- und 1900er-Modelle waren – neben den Modellen des Hauses Alfa Romeo – der Inbegriff temperamentvoller Limousinen (Abb. Seite 147). Fiat baute aber nicht nur witzige und praktische Automobile, die Italiener brachten auch neue Formen der Werbung in die Medien – ein Beispiel dafür ist auf Seite 146 zu sehen.

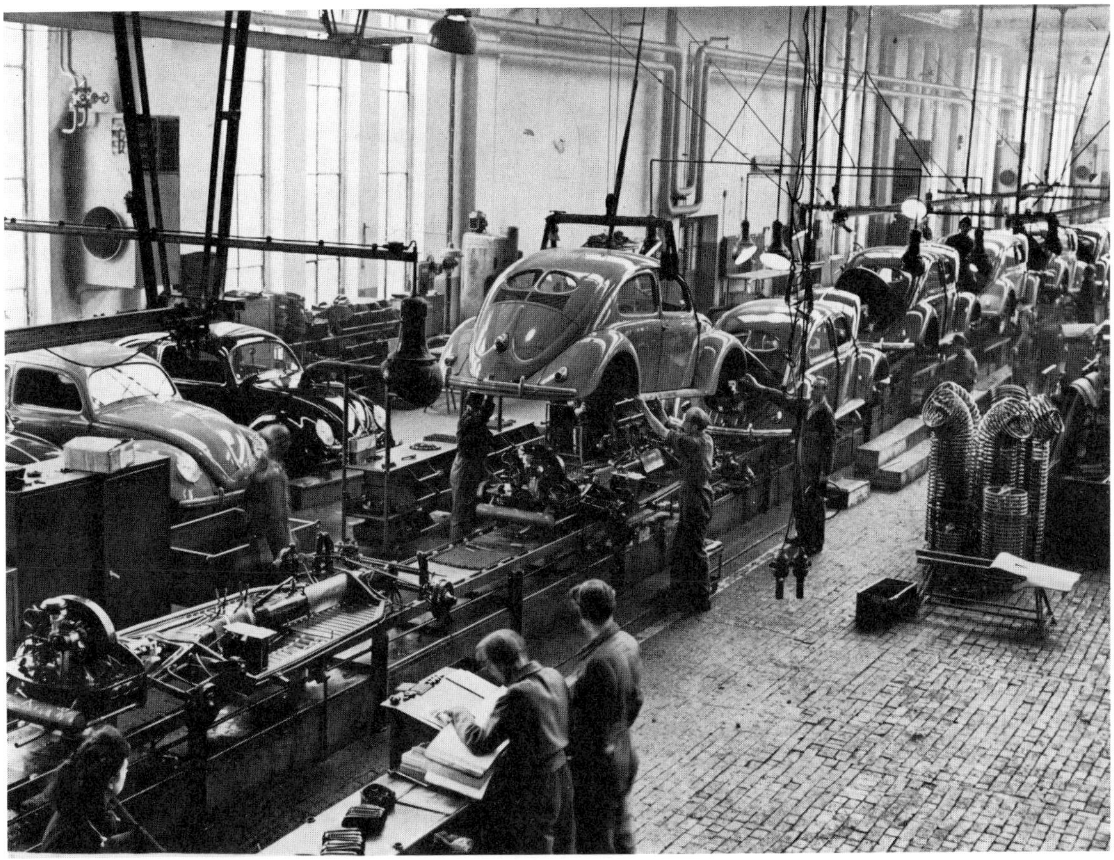

Ein Blick in die Montagehalle des Volkswagenwerks zu Beginn der 50er Jahre: Vom Prinzip hat sich bei der Endmontage seitdem nicht viel geändert.

Alfa Romeo kümmerte sich mehr um den Luxuswagen-Sektor: Die 2,5-Liter-Reihen-Sechszylinder stammten noch aus der Zeit vor dem Zweiten Weltkrieg, waren aber mit ihren 90 PS noch immer mit die stärksten Serien-Triebwerke des Jahres 1947. Die Karosserien hatten wunderschöne Namen wie »Freccia d'Oro« oder »Villa d'Este«, und die Stückzahlen blieben niedrig. Wer hatte damals schon 3200000 Lire für ein Auto übrig? Von 1947 bis 52 wurden ganze 680 dieser Traumwagen gebaut (Abb. Seite 142).
Erst 1954 kam mit der Giulietta und dem dazugehörigen Giulietta-Sprint-Coupé ein Großserien-Modell auf den Markt, dessen 1,3-Liter-Doppelnockenwellen-Motor das Basis-Triebwerk der nächsten Jahre werden sollte.
Die Franzosen hatten, neben dem Citroën 2 CV, noch manchen anderen Kleinwagen anzubieten. Renault präsentierte 1946 den 4 CV mit wassergekühltem 760 ccm großem Heckmotor; es war dies das erste Auto des 1945 verstaatlichten Unternehmens. Louis Renault, jahrzehntelang ein Liebling des Volkes und Ritter der Ehrenlegion, hatte – nach Meinung der Staatsanwälte – zu eng mit den deutschen Besatzungstruppen zusammengearbeitet und war noch 1944 der Kollaboration bezichtigt worden. Er starb noch in diesem Jahr in einem Untersuchungsgefängnis; sein Lebenswerk wurde der Aufsicht des Staates unterstellt – der 4 CV (auch das »Cremeschnitt-

Von 1953 bis 1955 wurden 8628 Exemplare des Triumph TR 2 gebaut. Der-2-Liter Vierzylinder leistete 90 PS und trug viel zum guten Ruf der Marke bei.

Die Italiener hatten schon stets besondere Fähigkeiten, Werbung »anders« zu gestalten – diese Fiat-500-Reklame stammt von 1955.

Rechte Seite Mitte:
Die teuerste Möglichkeit, einen Ford Taunus 12 M zu fahren: Das zweisitzige Kabriolett kostete 1955 8860 DM, wog 915 Kilogramm und erreichte 115 km/h. Die Zahl der gebauten Kabrioletts war allerdings gering.

Rechte Seite unten:
Ein Traumwagen der 50er Jahre: Der BMW 507 wurde vom November 1956 bis zum März 1959 in nur 252 Exemplaren gebaut. Vielleicht war der Preis von 26500 DM (1956) für den 150 PS starken Zweisitzer zu hoch.

Von 1950 bis 1954 gab es das Fiat-1400-Kabriolett, dessen Vierzylinder bei 4400 U/min 44 PS bereitstellte.

chen« genannt) sorgte für einen stetig wachsenden Auftragseingang. 1951 kam ein 1,9-Liter-Vierzylinder mit 60 PS unter dem Namen Frégate hinzu, und die Dauphine rundete 1956 das Programm ab. Dieser 845 ccm große Vierzylinder leistete 30 PS und machte die viertürige Heckmotor-Limousine zu einem ziemlich temperamentvollen Fahrzeug. Dem Italiener Amadeus Gordini allerdings blieb es vorbehalten, mit seiner getunten »Dauphine-Gordini« etliche Rundstrekkenrennen und Rallyes zu gewinnen. Gordini hatte zuvor an Renault-Rennwagen mitgearbeitet und war dann für ein Jahr zur Konkurrenzfirma Simca gegangen. Renault holte ihn zurück, bot ihm alle Möglichkeiten und Freiheiten, die Fahrzeuge des Hauses sportlich zu überarbeiten, und in den nächsten Jahren waren es die Gordini-Renaults, die es bei motorsportlichen Veranstaltungen zu schlagen galt.

Citroën hatte etwas weniger Modelle im Angebot: Genauer gesagt nur den 2 CV und den 11 CV – die »Gangster-Limousine«. Der 11 CV hatte diesen Spitznamen seinem ungewöhnlich guten Fahrwerk zu verdanken, das seit der Präsentation im Jahre 1935 etlichen Gangstern bei der Flucht vor der Polizei geholfen haben soll. Wahrscheinlich waren solche Wundermären aber nur geschickt von der Citroën-Pressestelle in die Welt gesetzt worden, denn natürlich fuhr den 11 CV bald auch die Polizei.

Dieser Wagen blieb über die ungewöhnlich lange Zeitspanne von 1935 bis 1957 im Programm von Citroën; er wurde dann durch den ID19 abgelöst. Mit dem ID19 hatten die Ingenieure des Hauses einen Markstein gesetzt (Abb. Seite 167). Als diese erste aerodynamisch vollständig durchgebildete Limousine auf dem Pariser Autosalon des Jahres 1956 erstmals gezeigt wurde, sahen plötzlich alle anderen Wagen veraltet aus: Die Design-Abteilung hatte die Form des Autos revolutioniert. Hinzu kam die ausgefallene Technik einer hydropneumatischen Federung, mit der man die Bodenfreiheit variieren und notfalls einige Kilometer auf nur drei Rädern fahren konnte. So stand Citroën mit diesem Modell schlagartig

wieder an der Spitze des Fortschritts – und für die Konkurrenten war es äußerst schwierig, ihrer Kundschaft zu erklären, warum bei ihnen das Konservative Vorrang hatte.
Peugeot übernahm aus der Vorkriegszeit den Typ 202 (6 CV), bis 1949 mit dem 203 (7 CV) das erste vollständig neue Modell angeboten werden konnte. Der 1,3-Liter-Vierzylinder leistete 42 PS und sorgte für 118 km/h Höchstgeschwindigkeit. Bis 1955 wurde, in vielen verschiedenen Varianten, nur dieses Modell angeboten; man konnte den 203 als Kombi und als Limousine, als Kabrio und als Coupé sowie als Kabrio-Limousine (mit Rolldach und festen Türrahmen) kaufen.
1955 kam dann als Ergänzung nach oben der 1,5-Liter-Typ 403 (oder 8 CV) hinzu; er machte sich rasch einen guten Ruf als unzerstörbares Alltagsgefährt, das sich auch in den französischen Kolonialgebieten im tiefsten Afrika bestens bewährte.
In den fünfziger Jahren war in Frankreich auch Simca stark vertreten. Die 1934 von dem Schrottgroßhändler und Fiat-Generalimporteur Enrico Teodoro Pigozzi gegründete Firma, die sich bis zum Zweiten Weltkrieg mit dem Verkauf von Fiat-Lizenzbauten unter dem Namen Simca beschäftigte, hatte 1951 mit dem Simca 5 CV plötzlich einen Erfolgswagen. Nachdem dann aber

»Links der Austin-Healey 3000, bekannt für seine internationalen Erfolge, rechts der Austin-Healey Sprite, der beliebte Klein-Sportwagen.« So lautete der Pressetext des Hauses BMC zu diesem geruhsamen Bild.

Schon frühzeitig begann die Firma Porsche auf die Rennerfolge des Hauses hinzuweisen – dieses Plakat wurde von dem Stuttgarter Grafiker Erich Strenger entworfen.

Fiat seine Anteile an Chrysler Europa verkaufte, ging es mit der Marke Simca abwärts. Chrysler hatte mit seinem Sunbeam-Talbot-Darracq-Verband eine Kette von nur bedingt überlebensfähigen Firmen zusammengekauft, die dann in Chrysler-Simca umgetauft und schließlich 1978 an Peugeot verkauft wurde, wo man dieser Firma dann den Namen Talbot gab – der in diesen Tagen nun auch wieder abgeschafft werden soll.
Auch in England ging vieles drunter und drüber: 1952 hatten hier die Firmen Austin und Morris die British Motor Corporation (BMC) gegründet, die sich mit vielerlei Sportwagen der kleineren Art und mit Limousinen beschäftigte. Daneben gab es Firmen wie Triumph, die die damals äußerst begehrten Sportwagen der TR-Baureihe produzierte (Abb. Seite 145), und Rover, die sich mehr auf solide Qualitätsfahrzeuge spezialisiert hatten. MG produzierte natürlich noch immer seine besonders in den USA begehrten Sportwagen (Abb. Seite 139). Dazu kamen noch etliche Kleinserien-Hersteller wie beispielsweise Morgan oder ein gewisser Colin Chapman, der sich zuerst mit Trial-Fahrzeugen, die bei den in England äußerst beliebten Gelände-Wettfahrten Dauersieger wurden, einen Namen machte. Aus dieser Kleinst-Fabrik sollte dann die berühmte Firma Lotus entstehen.

Besonders beliebt waren auch dreirädrige Fahrzeuge oder Bausätze für Automobile, die man – bei etwas handwerklicher Begabung – selber in der Garage zusammenbauen konnte. Der Grund für diese Beliebtheit lag – wie so oft – beim Geld: Das Finanzamt belohnte die Eigeninitiative mit einem erfreulichen Steuernachlaß, und was die Dreiräder betraf, so hatte sich seit den Anfängen der Automobil-Besteuerung noch immer nicht die Meinung geändert, daß ein Dreirad eigentlich kein »richtiges« Auto sei und deshalb auch viel weniger Steuern zu zahlen habe. Diese Einstellung hat sich in England bis heute nicht geändert.

1953 stellte Chevrolet die Corvette vor, das erste amerikanische Automobil mit einer Kunststoff-Karosserie – deren geringes Gewicht hier demonstriert wird.

Geld spielt keine Rolle

1400 Exemplare und vier wichtige Siege genügten, um den Mercedes 300 SL zu einer Legende werden zu lassen. Heute werden Preise bis zu 200000 DM für ein Spitzenexemplar bezahlt (ganz oben). Das Chevrolet-Bel-Air-Kabriolett verkörperte 1957 den strahlenden Glanz amerikanischer Straßenkreuzer (Mitte). Und wer es elegant, aber nicht so sportlich haben wollte, konnte von 1951 bis 1958 das Mercedes-Benz-300S-Kabrio erwerben – 1951 zum Preis von 34500 DM (unten).

Während es bei den Kleinwagen noch einmal die reinste Goldgräberstimmung gab, versuchten zu Beginn der fünfziger Jahre auch einige Produzenten von Luxuswagen, noch einmal an die Träume der Vorkriegszeit Anschluß zu bekommen. Auch hier konnten nur einige Firmen überleben, die jenes Maß an Exotik und Image bieten konnten, das es dem Käufer leichtmachte, den Wert von 50000 oder 60000 DM auf den Tresen des Händlers zu legen.
Dabei waren diese 60000 Mark schon die Obergrenze: Die meisten Traumwagen der fünfziger Jahre waren für weniger Geld zu bekommen. Der Mercedes-Benz 300 SL mit den berühmten Flügeltüren kostete von 1954 bis zur Produktionseinstellung 1957 exakt 29000 DM; 1400 Erstkäufer kamen in den Besitz dieses alltagstauglichen Exoten (Abb. links), der heute – in entsprechendem Zustand – mit bis zu 200000 DM gehandelt wird. Dieser 300 SL entstand auf Anregung des amerikanischen Daimler-Benz-Importeurs »Maxie« Hoffmann, der klar erkannt hatte, daß der Siegerwagen der Rennsaison 1952 der ideale Drittwagen von Hollywoodstars werden könnte. So gab er eine Festbestellung über 100 Exemplare nach Stuttgart durch – und die stets nach Umsatz lechzende Exportabteilung forderte von den Technikern, sie müsse den reinrassigen Rennwagen in einen aufregenden Gran Tourismo verwandeln. Zwei Jahre benötigten die Ingenieure, um aus dem Siegerwagen der mexikanischen Carrera Panamericana, der 24 Stunden von Le Mans, dem Großen Preis der Sportwagen auf dem Nürburgring und dem Großen Preis von Europa in Bern eine 215 PS starke Legende zu entwickeln – dann stand der Wagen am 6. Februar 1954 auf der »Motor Sports Show« in New York.
Die Geschichte des 300 SL hat einige typische Ingredienzien, die einfach zu einem wirklichen Traumwagen gehörten – und auch heute noch gehören: Man nehme etwas Rennlegende (möglichst einige Siege in Le Mans oder bei Formel-1-Rennen), dazu mixe man hochkarätige Technik und überziehe das Ganze mit einer Karosserie,

die nicht einmal besonders praktisch sein muß, sondern vor allem gut aussieht...

Nach dieser Methode wurde nicht nur der 300 SL geboren, sondern auch alle Fahrzeuge eines Enzo Ferrari oder die Traumwagen der Brüder Maserati.

Enzo Ferrari, der in den dreißiger Jahren der Team-Chef der Alfa-Romeo-Rennabteilung gewesen war, hatte 1947 seinen ersten Zwölfzylinder gebaut und die Erfahrungen, die seine Rennwagen auf den Pisten der Welt gesammelt hatten, direkt in die Serienproduktion weitergereicht. Seine Typen trugen immer den Hubrauminhalt eines Zylinders als Typ-Bezeichnung. Der 212 Inter (Abb. Seite 140) also hatte 2,6 Liter Hubraum, denn 212 ccm ergeben, mit der Anzahl der Zylinder multipliziert (mal zwölf), 2,6 Liter.

Mit diesem 2,6-Liter-Hubraum erreichte Ferraris Wagen 160 PS, bereits 1952 – so viel Leistung hatten damals nur Rennwagen.

Maserati setzte auf Sechs- und Achtzylindermotoren mit bis zu 350 PS Leistung, die in Einzelstücken an den Schah von Persien oder an Karim Aga Khan ausgeliefert wurden.

Die Amerikaner schließlich entdeckten die Kraft der großen Achtzylindermotoren, die das erste serienmäßig mit einer Kunststoffkarosserie ausgestattete Auto der Welt – die Corvette von Chevrolet (Abb. Seite 149) – antrieben. Zwar hatten die ersten Serienexemplare der Jahre 1953 bis 55 nur einen 150 PS starken Reihen-Sechszylinder, aber ab dem Sommer 1955 konnte gegen Aufpreis ein V8-Zylinder-Triebwerk erworben werden – und von da an ging es mit den Stückzahlen bergauf. Waren von 1953 bis 55 nur 4640 Exemplare der Corvette verkauft worden, so gab es 1956 bereits 3467, 1957 schon 6339 und 1958 sogar 9168 Käufer, die auf diesen ersten amerikanischen Sportwagen nicht verzichten wollten.

Ford setzte als Konkurrenz gegen die Corvette auf den Thunderbird, der sich anfänglich auch besser verkaufen ließ, dann allerdings im Styling zu amerikanisch wurde; die Außenmaße nahmen zu, die Farben wurden immer bunter und das Fahrwerk immer komfortabler. Schließlich akzeptierte man den Thunderbird nicht mehr als Sportwagen; der endgültige Siegeszug der Corvette begann, und bis heute ist kein Ende abzusehen.

Während Daimler-Benz, Ferrari und Maserati sowie die englischen Firmen Aston-Martin und Jaguar auf den Rennstrecken das Image ihrer Fahrzeuge aufbauten, setzten die anderen Luxuswagen-Produzenten mehr auf attraktive Optik und bärenstarke Großserienmotoren.

Die französische Marke Facel Vega war so ein Fall: Die 1954 in Pont-à-Mousson als Hersteller sündhaft teurer Coupés gegründete Firma setzte auf die großen 4,5-, 5,8- und 6,3-Liter-Achtzylinder des amerikanischen Produzenten Chrysler,

Cadillac baute die größten Heckflossen und besaß das beste Image; wer sich 1958 dieses Fleetwood-Coupé leisten konnte, hatte es geschafft.

Ein Wagen, der Design-Geschichte machte: Der Lancia Aurelia B 24 S verdankt seine schöne Gestalt Pininfarina und sein Temperament einem 2,5-Liter-Sechszylinder mit 118PS Leistung. Ganze 240 Exemplare wurden gebaut.

die bis zu 390 PS leisteten und die schweren, mit allem Luxus vollgepackten Fahrzeuge auf über 240 km/h beschleunigten. Das war für manche Fahrer zuviel – der französische Schriftsteller und Nobelpreisträger Albert Camus beispielsweise kam in einem Facel Vega zu Tode –; die Qualität von Reifen und Bremsen hatte mit der Geschwindigkeit offensichtlich noch nicht Schritt halten können. Immerhin wurde auf den Landstraßen zumeist nur mit 60 oder 80 km/h gefahren – schneller konnten die meisten Fahrzeuge noch gar nicht.

In England setzte Gordon-Keeble auf große amerikanische Motoren; der kleine Sportwagen-Hersteller AC montierte eines Tages Ford-Achtzylinder in seine Fahrgestelle und schuf mit dem AC Cobra – dessen Entwicklung von dem amerikanischen Rennfahrer Carol Shelby vorangetrieben wurde – den Prototyp eines übermotorisierten und unglaublich schnellen Roadsters. In der stärksten Version leistete dann ein 7-Liter-Achtzylinder 425 PS (in der Straßen-Version!) und 485 PS auf den Rennstrecken. Das genügte für eine Höchstgeschwindigkeit von 285 km/h, und es gibt Besitzer, die Stein und Bein schwören, daß dieser AC Cobra beim Schalten vom zweiten in den dritten Gang (das geschieht bei etwa 160 km/h) noch mit durchdrehenden Reifen weiter beschleunige.

Andere Firmen wieder probierten es mit eigenen Motoren; die spanische Firma Pegaso versuchte von 1951 an auf den Spuren des legendären Hauses Hispano-Suiza zu wandeln. Dafür wurde unter der Leitung von Wilfredo Ricart ein aufwendiger V8-Zylinder mit vier obenliegenden Nokkenwellen und vier Doppelvergasern entworfen.

Die Hubraumgröße lag zwischen 2,5 und 4,5 Liter, und die PS-Zahlen bewegten sich zwischen 170 und 300. Pegaso stellte etliche Geschwindigkeitsrekorde auf (Abb. Seite 160), aber auch diese Werbung verhalf der spanischen Firma nicht zu größeren Verkaufsziffern. Die wunderschönen, eleganten und unglaublich schnellen Fahrzeuge verkauften sich nur schlecht. Von 1951 bis 1957 wurden ganze 125 Fahrzeuge ausgeliefert (Abb. Seite 144) – heute sind sie kaum noch bezahlbar, wenn sie überhaupt noch auf dem Markt auftauchen.

BMW baute seine großen Achtzylinder-Triebwerke hauptsächlich für die Typen 501 und 502, die mit ihren 2,6- und 3,2-Liter-Motor gerühmt werden können, die ersten deutsche Nachkriegs-Limousinen mit den prestigeträchtigen acht Zylindern zu sein. Natürlich stellte man der viertürigen Limousine auch ein Coupé und einen Roadster zur Seite. Sah das 503-Coupé, das dann auch noch als viersitziges Kabriolett vorgestellt wurde, schlicht und elegant aus, so war der von dem Designer Graf Goertz entworfene 507-Roadster eines der schönsten Autos seiner Zeit (Abb. Seite 147). Obwohl der 150 PS starke Wagen in den Händen eines Hans Stuck auch beeindruckende Siege bei Bergrennen erzielen konnte, war er dennoch mehr für das Boulevard-Riding gedacht. Wie stark aber der Rennsport die Kaufentscheidung beeinflussen konnte, zeigten die Verkaufs-

Fertig zum Abflug: Der Buick »Le Sabre« des Jahres 1959 sah wie ein startendes Flugzeug aus. 5571 Exemplare des 300 PS starken Coupés wurden gebaut.

Wahrscheinlich der klassische Kleinwagen schlechthin: Der Fiat 600 hatte 21 PS Leistung, fuhr 95 km/h schnell und verbrauchte knapp 6 Liter Benzin auf 100 Kilometer.

ziffern: Während vom 300SL-Coupé 1400 Exemplare und von dessen Nachfolger, dem 300SL-Roadster 1858 Stück ausgeliefert wurden, konnte der BMW 507 nur 252mal – zum Preis von 26500 DM – verkauft werden.
Wie Mercedes-Benz ging es auch der Firma Porsche durch dieses Wissen stetig besser: Sie machte fleißig Werbung mit ihren Siegen auf den Rennstrecken (Abb. Seite 149) und verkaufte immer mehr ihrer Sportwagen. Der seit 1950 produzierte Typ 356 wurde über 14 Jahre hinweg gebaut und erlebte in dieser Zeit so viele Modellpflege-Maßnahmen, daß die letzten Wagen mit der ersten Serie nur noch die Silhouette und die Typ-Bezeichnung gemeinsam hatten. Wenn am Anfang noch ein 1,1-Liter-Vierzylinder-Boxermotor mit 40 PS den Vortrieb besorgte, so waren am Schluß beim »356C2000GS Carrera 2« satte 130 PS aus 2 Liter Hubraum erreicht. Hier bewirkten außerdem vier obenliegende Nockenwellen die exakte Steuerung der Ventile und zwei Zündkerzen pro Zylinder eine optimale Verbrennung. Dieser Carrera 2 war der Höhepunkt der 356-Baureihe – ganze 126 Exemplare wurden zum Preis von 23700 DM (Coupé) und 24700 DM (Kabriolett) ausgeliefert. Dann kam der Typ 911 mit dem Sechszylinder-Boxermotor, der bis zum heutigen Tag begehrt und beliebt ist.

In die Kategorie der Traumwagen fallen aber nicht nur enge Sportwagen, wie es beispielsweise auch die britischen Austin-Healey Sprite oder Austin-Healey 3000 – der letztere mit 150 PS – waren (Abb. Seite 148), sondern natürlich auch Modelle wie das Mercedes-Benz 300 S Kabrio (Abb. Seite 150), das es auch als Coupé mit festem Stahldach gab. Dieser 3-Liter-Reihen-Sechszylinder mit (von 1952 bis 55) 150 PS und anschließend (bis zur Produktionseinstellung 1958) 175 PS war teurer als der berühmte 300SL. Kostete die schwächere Vergaser-Version noch 34500 DM, so mußten die 200 Käufer der Einspritzer-Version 36500 DM bezahlen; damit war der 300S das teuerste Angebot des Hauses Daimler-Benz.
Bei den Italienern baute, neben Ferrari, Maserati und Alfa Romeo, auch das Haus Lancia Traum-Mobile: Hier waren es besonders die Aurelia- und Flaminia-Modelle, die mit etlichen Spezialkarosserien für Aufsehen sorgten. Ein besonders geglücktes Modell war der Aurelia B24 Spider, mit dem sein Designer Pininfarina ein Stück Stilgeschichte geschrieben hat (Abb. Seite 152). Den Vortrieb der 240 gebauten Exemplare bewirkte ein 2,5-Liter-Sechszylinder mit 118 PS.
Boten die Italiener in diesen Tagen die fließenden Linien und das gefälligste Design, so machten

Eines der elegantesten unter den kleinen Coupés war die Renault Floride, die von 1959 bis 1962 mit ihren 40 PS aus 845 ccm Hubraum ihre Besitzer erfreute.

sich die amerikanischen Konstrukteure daran, das Jet-Zeitalter in die Autoformen hineinzupressen. Immer länger, immer breiter, immer greller – das schien die Devise der Design-Päpste aus Detroit zu sein. Die Heckflossen wuchsen ins Unermeßliche; beim Cadillac Eldorado des Jahres 1959 hatten sie dann ihren Höhepunkt erreicht. Von da an ging es wieder abwärts – mit den Flossen.

Im Jahr zuvor bereits hatte die Luxus-Marke von General Motors gezeigt, wie man seine Produkte »Traum«-gerecht an den Käufer zu bringen hatte (Abb. Seite 151). Die Hubräume stiegen – für europäische Verhältnisse – ins Gigantische: 6 oder 7 Liter waren nahezu selbstverständlich; den Rekord stellte Cadillac mit 8,1 Liter Hubraum auf. Die 4,7-Liter-Achtzylinder waren schließlich fürs Pick-up des kleinen Mannes bestimmt – oder für den Zweitwagen der Gattin.

Zweifarben-Lackierungen waren ebenfalls groß in Mode gekommen, wie es das Chevrolet-Bel-Air-Kabrio (Abb. Seite 150) so schön demonstriert. 47562 Exemplare wurden im letzten Produktionsjahr 1957 gebaut, die meisten besaßen den 283 PS starken Achtzylinder; für diese Version mußten 2511 Dollar bezahlt werden.

Egal ob Chevrolet, Buick oder Dodge, die Amerikaner der fünfziger Jahre sahen alle hinreißend aus. Wer hätte heute nicht gerne einen Buick Le Sabre mit 300 PS (Abb. Seite 153), der beinahe im Stand schon 200 km/h schnell aussieht – wenn er sich nur die 25 Liter Benzin, die so ein Achtzylinder schon bei niedrigster Belastung schluckt, leisten könnte.

Die amerikanischen Autos der fünfziger und der frühen sechziger Jahre hatten alle unbändig

Der Ford Taunus 17M, der von 1957 bis 1960 produziert wurde, brachte viele Merkmale aus der amerikanischen Design-Zentrale mit – darunter auch die auffällige Zwei-Farben-Lackierung.

Kraft und jeden vorstellbaren Luxus: Elektrische Fensterheber und Klimaanlage waren selbstverständlich, und ein automatisches Getriebe gehörte zur Serienausstattung. Wer schließlich wollte sich noch der Mühe des Ein- und Auskuppelns unterziehen?
Es mußten aber nicht unbedingt zweifarbige, heckflossenbewehrte Achtzylinder aus den USA sein, um etwas Spaß und Fahrfreude zu empfinden. Es gab auch kleine Coupés, wie das Borgward Isabella Coupé oder die Renault Floride (Abb. Seite 155), die ihre Besitzer glücklich machen konnten. Und wer es gerne etwas offener hatte, konnte zu einer der dazugehörigen Kabrio-Varianten greifen. Lancia baute die kleine Flavia, Alfa Romeo die Giulietta und BMW das 700er Coupé und Kabrio. Fiat erfreute seine Käufer mit dem handlichen 1200-/1500-Kabrio, und der MGA von MG bot anglophilen Käufern unverfälschte Roadster-Tradition zu fairen Preisen – von den Ersatzteilpreisen soll hier nicht gesprochen werden.
Es gab allerdings auch schon damals eine Spezies von Automobilisten – mittlerweile ständig im Wachsen begriffen –, die ihre Auto-Lust abseits der Straßen austoben wollte: Die Geländewagenfahrer. Nach dem Zweiten Weltkrieg waren unzählige US-Jeeps in Europa zurückgeblieben, und wem diese offenen und reichlich rauhen Gefährte widerstrebten, konnte ab 1948 in den Land-Rover steigen, der bis zum heutigen Tag in nahezu unveränderter Form produziert wird.
Der Land-Rover durchfuhr – schon damals – nicht nur jedes Gelände – zumeist gab der Fahrer auf, bevor der Wagen an der Grenze seiner Möglichkeiten angekommen war –, er schenkte seinem Besitzer auch das prickelnde Gefühl, für jede Expedition zu den abgelegenen Teilen die-

Seit dem Ende der 40er Jahre wird der Land-Rover praktisch unverändert gebaut. Seine Zuverlässigkeit ist sprichwörtlich, und viele Expeditionen schwören auf ihn.

Für nahezu jedes Modell gab es früher auch ein Kabrio. Der DKW F 12 Roadster kostete 7250 DM und besaß einen Dreizylinder-Zweitaktmotor mit 45 PS Leistung.

ser Erde gewappnet zu sein. Das hatten ihm etliche Expeditionsberichte bestätigt, und es war tröstlich zu wissen, daß die Flucht aus dem Alltagstrott jederzeit möglich war – man brauchte sich nur in seinen Land-Rover zu setzen...

Rover entdeckte auch als erste Firma, daß die Besitzer von Farmen nicht nur zur Reparatur der Zäune durch den Morast fahren müssen, sondern zuweilen auch Lust verspüren, in Smoking und Abendkleid zur Oper zu fahren. Der Range-Rover beglückte ab 1970 diejenigen, denen der Land-Rover zu langsam und zu proletarisch war: Hier arbeitet bis zum heutigen Tag ein 3,5-Liter-Achtzylinder mit 156 PS; die Karosserie ist großräumig und edel ausgestattet, und trotzdem kann man mit ihm die Sahara durchfahren.

Etliche andere Firmen zogen rasch nach, darunter der Schweizer Peter Monteverdi, der nach der Einstellung der Produktion seiner sündhaft teuren 375er-Modelle (mit 7,4-Liter-Chrysler-Motoren) mit seinen »Safari«- und »Sahara«-Modellen, die ebenfalls von amerikanischen Achtzylindermotoren angetrieben wurden, auf erstaunliche Stückzahlen kam.

Sir Alec Issigonis entwarf den epochemachenden Mini, der seit 1959 demonstriert, daß kleine Außenabmessungen, ein großer Innenraum und Komfort kein Widerspruch sein müssen. Das Frontantrieb-Prinzip mit querstehendem Motor wurde von vielen anderen Herstellern übernommen.

LOTO
MICHELIN
antar
Marlboro
8

Kompressor, Turbo und Allradantrieb

In der Grand-Prix-Saison 1985 hatte erstmals BMW den Weltmeistertitel zu verteidigen: Teo Fabi (Startnummer 2) versucht hier dem werdenden Weltmeister Niki Lauda (Startnummer 8) auf den Fersen zu bleiben.

Mit diesem stromlinienförmig verkleideten W 196
trat Daimler-Benz 1954 wieder bei den Formel-1-Rennen an
und wurde auf Anhieb Weltmeister (oben). Hatte der W 196
aus Reglementsgründen 2,5 Liter Hubraum,
so besaß der 300 SLR, den man bei Sportwagen-Rennen
einsetzte, 3 Liter Hubraum. Die Luftbremse wurde
für das 24-Stunden-Rennen von Le Mans entwickelt (Mitte).
Mit dem »Bisiluro« 102 BS/2,8 stellte Pegaso
in den 50er Jahren Geschwindigkeitsrekorde auf (unten).

Noch immer zählt der Motorsport zu den populärsten Sportarten überhaupt: Wenn in Monaco der »Grand Prix« stattfindet, sitzen etwa eine Milliarde Menschen vor dem Fernsehapparat; wenn sich die besten Rallyefahrer dieser Welt in Portugal treffen, kommt die Produktion in den Betrieben praktisch zum Erliegen, und das aufregendste Abenteuer schlechthin ist die Rallye »Paris – Dakar«.

Dabei hatte alles nach dem Zweiten Weltkrieg noch ziemlich schlicht begonnen: Als im Jahr 1950 die erste Formel-1-Weltmeisterschaft ausgetragen wurde, waren noch hauptsächlich Vorkriegsfahrzeuge am Start. Zwar hatte Alfa Romeo den 1940 entstandenen Typ 158 natürlich weiterentwickelt – trotzdem war der Reihen-Achtzylinder, der aus einem Hubraum von nur 1,5 Liter mit Kompressor anfänglich 275 PS leistete, runde zehn Jahre alt. Nach den ersten Rennen 1948 und 49 hatten ihm die Techniker dann 350 PS abgetrotzt; und Dr. Nino Farina wurde auf diesem Tipo 158 der erste Fahrer-Weltmeister der Nachkriegszeit.

Im Jahr darauf kam ein junger Argentinier nach Europa, der zu Beginn der vierziger Jahre bei den mörderischen Straßenrennen seiner Heimat die Routine gewonnen hatte, die in Verbindung mit seinem außergewöhnlichen Fahrkönnen einen der besten Rennfahrer aller Zeiten hervorbrachte: Juan Manuel Fangio. Er holte sich 1951 auf dem weiterentwickelten Alfa Tipo 159 – nun mit 425 PS aus 1,5 Liter Hubraum! – seine erste Weltmeisterschaft, der noch vier folgen sollten.

Vor seinem zweiten Titel jedoch kam der legendäre Alberto Ascari zweimal zum Zuge; er leitete in den Jahren 1952 und 53 die Siegesserie der Ferrari-Fahrzeuge ein. Commendatore Enzo Ferrari, der vor dem Krieg von 1929 bis 39 Leiter der Alfa-Romeo-Rennabteilung gewesen war, hatte sich 1947 mit seinem ersten eigenen Zwölfzylinderfahrzeug selbständig gemacht. Ferrari wußte genau, daß nur die Siege bei den härtesten Rennen der Welt jene Werbung für seine Straßenfahrzeuge bringen würden, die er zum Verkauf benötigte.

Der Jaguar D-Type gewann 1955, 56 und 57 das 24-Stunden-Rennen von Le Mans und verdankte einen Großteil seiner Schnelligkeit der windschlüpfigen Karosserie, die ein Aerodynamiker der Bristol-Flugzeugwerke, Malcolm Sayer, entworfen hatte.

Da nur wenige andere Hersteller eine so enge Verzahnung zwischen Renn- und Serienwagen-Abteilung fertigbrachten, errangen die Fahrzeuge des Commendatore rasch den Ruf, den sie bis heute in aller Welt haben. Dazu trugen die neuen Weltmeistertitel bei sowie die unzähligen Siege bei Sportwagenrennen: den 24 Stunden von Le Mans, der Targa Florio auf Sizilien, der Mille Miglia von Brescia, der Carrera Panamericana in Mexiko und den 12 Stunden von Sebring. 1954 und 55 geriet die Ferrari-Vorherrschaft allerdings stark ins Wanken. Daimler-Benz hatte, nachdem man 1952 mit dem legendären 300 SL die Carrera Panamericana in Mexiko, den Großen Preis von Europa in Bern, Le Mans und den Großen Preis der Sportwagen auf dem Nürburgring gewonnen hatte, für das Jahr 1954 die Rückkehr zur Formel 1 angekündigt. Und gleich das erste Rennen in Reims wurde von dem W 196 gewonnen (Abb. Seite 160). Am Ende der Saison waren Juan Manuel Fangio und Mercedes-Benz Weltmeister.

Das neue Reglement, das einen Hubraum von 2,5 Liter erlaubte, hatte der Mercedes-Benz-Rennabteilung unter der Leitung von Rudolf Uhlenhaut alle Tricks abverlangt – aber dieser Reihen-Achtzylinder leistete etwa 300 PS und damit rund 25 PS mehr als seine Konkurrenten von Maserati und Ferrari.

Das folgende Jahr war für Mercedes-Benz voller Widersprüche: Einerseits wurde mit Fangio erneut die Formel-1-Weltmeisterschaft errungen, und der 300-SLR-Rennsport-Wagen gewann die Marken-Weltmeisterschaft (Abb. Seite 160) – andererseits verunglückte der Franzose Pierre Levegh auf einem 300 SLR beim 24-Stunden-Rennen von Le Mans am 11. Juni 1955 tödlich, und mit ihm starben 88 Zuschauer. Am Ende der Saison gab Daimler-Benz seinen Rücktritt vom Rennsport bekannt.

Fangio wurde dann 1956 auf einem Ferrari und 1957 auf einem Maserati 250F noch jeweils Weltmeister – ein Rekord, der kaum noch einzuholen sein dürfte.

Es würde den Rahmen dieses Buches sprengen, wenn wir auf alle Weltmeister und ihre Autos näher eingingen, darum nur einige Namen und einige Fahrzeuge: Jack Brabham, der Weltmeister der Jahre 1959, 60 und 66, war der erste

Ebenfalls vom Flugzeugbau hatte Charles Deutsch gelernt, als er 1967 diesen Peugeot CD mit Mittelmotor beim 24-Stunden-Rennen von Le Mans einsetzte. Obwohl er nur einen 1,1-Liter-Vierzylinder des Typs 204 besaß, erreichte der Wagen über 170 km/h.

Den Rallye-Sport hat Audi revolutioniert: Mit der Einführung des permanenten Allradantriebs – hier der Quattro bei einer Sonderprüfung – wurde eine neue Geschwindigkeitsdimension eröffnet.

Fahrer, der auch auf einem von ihm konstruierten Fahrzeug Weltmeister werden konnte (1966). Phil Hill, der Ferrari-Champion des Jahres 1961 – er siegte vor dem in Monza tödlich verunglückten Graf Berghe von Trips –, löste das Ferrari-Fieber in den USA aus (wohin heute über 50 Prozent der Wagen mit dem springenden Pferd verkauft werden). Der Schotte Jim Clark (Weltmeister 1963 und 65) war unbestritten der schnellste Mann seiner Zeit, bevor er mit seinem Lotus auf dem Hockenheim-Ring tödlich verunglückte. Graham Hill, der Champion der Jahre 1962 und 68, wird ewig in Erinnerung bleiben; er siegte im Straßengewirr von Monte Carlo von 1963 bis 69

Am schnellsten lernte Peugeot: Der 205 Turbo 16 ist der heute zu schlagende Rallye-Wagen. Dieses Modell besitzt alles an Technik, was vorstellbar ist: Mittelmotor, Turbolader, vier Ventile pro Zylinder und einen verstellbaren Allradantrieb.

Tourenwagensport der frühen 70er Jahre: Der BMW-Tuner Alpina mit 3,0 CSL-Coupé und einem jungen Herrn Lauda am Steuer zählte stets zu den Favoriten.

nicht weniger als fünfmal. Dann kam die hohe Zeit des Jackie Stewart; er gewann in seiner Karriere nicht weniger als 27 Grand-Prix-Rennen (nur der Österreicher Niki Lauda kann ihm mit derzeit 25 Siegen gefährlich werden) und drei Weltmeister-Titel (1969, 71 und 73) – dann trat er ungeschlagen zurück.

Von den Champions der siebziger und achtziger Jahre sind zwei Brasilianer und ein Österreicher besonders erwähnenswert: Emerson Fittipaldi war 1972 und 74 der sichere Sieger; er gewann in kürzester Zeit 14 Große Preise und beschloß dann – mit viel brasilianischem Geld –, ein eigenes Team aufzubauen; von da an fuhr er hinterher.

Niki Lauda ist – neben Fangio – das zweite Phänomen der Formel 1: Kein anderer Fahrer kann sich so gut artikulieren, keiner den Wagen, die Strecke, das Team so gut analysieren. Und er ist aus dem Holz, aus dem Journalisten so gerne Helden schnitzen: Nach seinem fürchterlichen Nürburgring-Unfall 1976 stieg er vier Wochen später wieder ins Cockpit, wurde Vierter in Monza – und gab beim letzten Rennen in Japan auf mit der Begründung, er »wolle nicht sein Leben riskieren«. Lauda fuhr 1977 und 78 doch noch, setzte dann aber vier Jahre aus (»Das Leben bietet mehr als nur im Kreis herum zu fahren«) und wurde 1984 auf einem McLaren mit einem Por-

Jahrelang war der Lancia Stratos mit seinem Ferrari-Sechszylindermotor unschlagbar: Mit Sandro Munari am Steuer gewann er fünfmal die Rallye Monte Carlo.

Mit solchen zweisitzigen geschlossenen Rennwagen werden die Läufe zur Marken-Weltmeisterschaft gefahren: ein Lancia LC2 von 1984.

sche-Motor zum dritten Mal Weltmeister (nach 1975 und 77).
Der zweite Brasilianer ist Nelson Piquet, der Weltmeister der Jahre 1981 und 83. Piquet gilt in Fahrerkreisen als der schnellste von allen und bescherte BMW bei seinem zweiten Titel die Genugtuung, die erste WM mit einem Turbo-Motor errungen zu haben (Abb. Seite 158/159).
Die Technik der Grand-Prix-Wagen hat enorme Sprünge gemacht, galt zu Jackie Stewarts Zeiten noch ein Ford-Cosworth-Motor (mit 3 Liter Hubraum) mit 460 PS als absolut ausreichend, so leisten die Turbo-Motoren (mit 1,5 Liter Hubraum) nun bis 850 PS. Man spricht jetzt bereits von Trainings-Motoren, die über 1000 PS leisten sollen. In der reinen Höchstgeschwindigkeit sind zwar manche Sportwagen schneller, die Formel 1 ist aber noch immer die Krone der Automobilrennen.
Die Kronprinzen waren über viele Jahre die Fahrzeuge der Marken-Weltmeisterschaft. Sie entwickelten sich aus den großen Sportwagen der fünfziger Jahre, die an Langstreckenrennen wie der Carrera Panamericana (5 000 Kilometer quer durch Mexiko) oder der Mille Miglia (an einem Stück 1600 Kilometer durch Italien) teilgenommen hatten. Die wichtigsten Rennen fanden in Le Mans und auf dem Nürburgring statt; hier holten sich Jaguar (Abb. Seite 161), Ferrari, Maserati und – in den sechziger Jahren – Ford ihre Namen. Bei den Sportwagenrennen jedoch profilierte sich besonders Porsche: Seit den fünfziger Jahren gewann die Zuffenhausener Marke fast jedes Wochenende irgendwo, holte sich Porsche nahezu jeden Titel auf den meisten Rennstrekken dieser Erde. Daneben gab es einen kurzen Ausflug in die Formel 1: Dan Gurney siegte am 8. Juli 1962 beim Großen Preis von Frankreich. Da der Formel-1-Motor von Niki Lauda eine Auftragsarbeit für die T.A.G. (Technique d'Avantgarde) war, werden dessen Siege in den Porsche-Statistiken nur inoffiziell geführt. Die letzten Ausflüge führen wieder in die Rallye-Gefilde, wobei der Sieg bei der Rallye Paris–Dakar mit einem allradgetriebenen 911 ein guter Beweis für die Porsche-Qualität ist.

Der strahlende Sieger der berüchtigten Rallye Paris–Dakar: Porsche 911 mit permanentem Allradantrieb; das Team bestand aus den Franzosen Metge und Lemoyne.

Die Popularität, die die Rennen mit Serien-Tourenwagen in den sechziger und siebziger Jahren hatten, als Ford-Capri-Modelle gegen die Fahrzeuge des Hauses BMW antraten (Abb. Seite 163), scheint mittlerweile den großen Rallye-Prüfungen zuzufallen.

Waren die Sternfahrten nach Monte Carlo in den sechziger Jahren noch vergleichsweise harmlose Angelegenheiten, so sorgten Fahrzeuge vom Kaliber eines Lancia Stratos (Abb. Seite 163) dafür, daß dieser Sport mittlerweile ebenfalls nur noch von einigen wenigen Spezialisten gewonnen werden kann.

Dafür sorgten auch die Ingenieure aus Ingolstadt, die den Audi Quattro als ersten Wagen mit permanentem Allradantrieb auf die Räder stellten, der auf Anhieb der Konkurrenz auf und davon fuhr (Abb. Seite 162).

Es war nur allzu verständlich, daß die Konkurrenz sich den Quattro intensiv betrachtete – die erste Antwort hieß Peugeot 205 Turbo 16 (Abb. Seite 163). Und da hier der Bezug zum Serienwagen – auf den Audi stets großen Wert gelegt hat – nur noch andeutungsweise vorhanden ist (allenfalls die Karosserie hat Ähnlichkeiten mit dem Serien-Peugeot-205), überlegt man sich nun in Ingolstadt, ob man auch eines Tages mit reinrassigen Rennwagen zum Start antreten soll.

Die erste Firma, die sich ab 1977 mit einem Turbomotor an Formel-1-Läufen beteiligte, war der französische Renault-Konzern. Leider hat es bis heute noch zu keinem WM-Titel gelangt.

Die Vernunft siegt

Das Auto hatte seinen Stellenwert verändert: Es war selbstverständlich geworden – nahezu jeder konnte sich eines leisten, das Zeitalter der Massenmotorisierung hatte begonnen. Die Automobile wurden praktischer, haltbarer, wertbeständiger.

Ein immer größer werdender Konkurrenzdruck zwang die Produzenten dazu, auf Dinge wie Korrosionsbeständigkeit und eine qualitativ hochwertige Verarbeitung Wert zu legen. Die Fließbandarbeit (Abb. unten) wurde bis in den letzten Handgriff durchorganisiert; die Anzahl der pro Arbeiter produzierten Fahrzeuge erreichte neue Rekordwerte, und das Volkswagenwerk stellte alljährlich einen neuen Höchstwert für die Produktion des Käfers auf.

Die 1-Liter-Klasse war zu Beginn der sechziger Jahre dominierend bei den Massen-Herstellern; schließlich galt damals ein Mercedes-Benz 220 SE bereits als Luxuswagen der Wohlhabenden. In diesem 1-Liter-Marktsegment tummelten sich etliche Anbieter, darunter natürlich der Käfer mit 1,2 Liter Hubraum und 34 PS (4 980 DM), der Opel Kadett mit 1 Liter Hubraum und 40 PS zum

Trotz aller Roboter spielt der Mensch auch heute noch die wichtigste Rolle beim Zusammenbau von Automobilen. Dieses Foto wurde bei Renault aufgenommen.

1960 begannen die Kunden mehr auf bessere Kosten-Nutzen-Relation zu achten. Der Opel Olympia Rekord bot bei nur 6545 DM reichlich Platz und Ökonomie; der 1,5-Liter-Vierzylinder leistete 50 PS, und die Karosserie hatte einen Hauch von Detroit.

Preis von 5 075 DM und der Ford 12 M mit 1,2 Liter Hubraum und 40 PS – für ihn mußten 5 330 DM angelegt werden. Dazu kam der Fiat Neckar Spezial, der damals noch in Heilbronn gefertigt wurde und aus einem 1,1-Liter-Hubraum immerhin 48 PS hervorholte; sein Preis betrug 5 760 DM. Audi produzierte noch den 1000 S mit 50 PS für 6 695 DM. Die restlichen drei Anbieter kamen aus dem Ausland: Der Renault 8 bot 41 PS für 5 880 DM, der Simca-1000-Fahrer hatte sich mit 35 PS zufriedenzugeben und mußte dafür noch den höchsten Preis mit 7 410 DM bezahlen; und der Austin Cooper bot für 5 175 DM die meiste Leistung: 56 PS kamen aus dem kleinen 1-Liter-Vierzylinder.

Der Mini setzte Zeichen: Die geniale Konstruktion des griechischen Chefingenieurs von Austin, Alexander Constantine Issigonis, stellt bis zum heutigen Tag eine der besten Lösungen der Frage »Wie bringe ich möglichst viel Innenraum bei möglichst kleinen Außenflächen unter?« dar. Der später von der Queen geadelte Issigonis stellte den Motor platzsparend quer unter die Motorhaube, schuf mit dem Frontantrieb einen durch keine Kardanwelle beengten Innenraum, und er

1956 überraschte Citroën wieder einmal: Der ID 19 war für viele Jahre das Maß aller Dinge in Komfort-Fragen: hier der DS 21, bei dem sich ein Scheinwerferpaar mit dem Einschlag der Vorderräder mitdrehte.

1,8 Liter Hubraum, 100 PS und eine Höchstgeschwindigkeit von 170 km/h – mit diesen Rahmenbedingungen wurde der Audi 100 LS zu einem großen Erfolg für das Ingolstädter Unternehmen.

Andere Firmen waren mutiger: Ford setzte ab dem Modelljahr 1961 mit dem neuen 17M die Pontonkarosserie auch bei den Mittelklassewagen durch (Abb. Seite 170). Der gelungene Werbeslogan dieser Baureihe lautete »Die Linie der Vernunft« – und von September 1960 bis zum August 1964 wurden 669731 Fahrzeuge verkauft (darunter 86010 Kombi-Versionen, die unter dem Namen »Turnier« angeboten wurden).
Der 1,7-Liter-Vierzylinder des Ford 17M war in verschiedenen Leistungsklassen zu haben: Zwischen 60 und 75 PS sorgten für Höchstgeschwindigkeiten bis zu 154 km/h, und die Preise klingen für heutige Verhältnisse recht zivil: Im September 1960 kostete die Basis-Version 6645 DM und die 17M-TS-Limousine 7890 DM. Der Käufer hatte jedoch zu bedenken, ob er 95 DM für das Vierganggetriebe anlegen wollte, serienmäßig gab es nur drei Vorwärtsgänge.
Das Konkurrenzmodell von Opel wurde unter dem Namen Olympia verkauft, ein seit den drei-

stülpte über die Technik eine so geglückte Karosserie, daß der »Mini« bis heute ein Verkaufserfolg ist – und das nun seit 1959.
Kein Wunder, daß ganze Heerscharen von Entwicklern darangingen, dieses Prinzip für ihre Firmen zu adaptieren. Der Renault 4 und der Renault 5 haben genauso beim Mini gelernt wie der Peugeot 204, der Alfasud oder die neuesten Generationen eines Ford Fiesta oder Opel Kadett.
VW ahnte in den frühen sechziger Jahren bereits, daß der Käfer sich nicht ewig verkaufen lassen würde. Also machten sich die Techniker daran, Nachfolgemodelle zu entwickeln: Der VW1500 (Typ3) war zwar optisch nicht gerade gelungen, er half jedoch mit seinen drei Karosserie-Varianten (als Stufenheck, als Fließheck und als Kombi) dazu, daß die Firma über die Runden kam, bis ab 1974 der Golf zum großen Erfolgsmodell wurde. Und dieser Golf wurde dann mit allen seinen GTI-, GTD- und Carat-Derivationen der Trendsetter der siebziger Jahre, wie es der Mini in den sechzigern gewesen war.

Ab 1927 wurde diese MO2-»Victoria«-Zapfsäule mit Handflügelpumpe eingesetzt – die Mindestabgabemenge betrug 5 Liter.

Der Wagen, der BMW wieder auf die Füße half: Der Typ 1500 erschien 1962, kostete 9485 DM und besaß einen 80 PS starken 1,5-Liter-Vierzylindermotor.

Unten: Ab 1981 wurde diese elektronische Zapfsäule »Unimark International« eingeführt. Der Entwurf stammt von Franco Mirenzi aus Mailand, der auch das Design des Beleuchtungskörpers schuf.

ßiger Jahren eingeführter Name, der den Ruf von Solidität und Belastbarkeit besaß. Die 1,5- und 1,7-Liter-Modelle hatten ein etwas amerikanisches Aussehen – hier drangen die Design-Vorstellungen der Konzernmutter in Detroit deutlich durch –, was jedoch nicht daran hinderte, daß riesige Stückzahlen verkauft wurden. Allein die Olympia-»Rekord«-Limousine mit dem 1,5-Liter-Motor (Abb. Seite 167) wurde vom Dezember 1960 bis zum Februar 1963 in 248 683 Exemplaren gebaut – dazu kamen 341 824 Limousinen mit dem 55 PS starken 1,7-Liter-Motor, knapp 165 000 Kombis (die bei Opel unter der Bezeichnung Caravan verkauft wurden) und 31 000 Kastenwagen.

Hatten sich die vielen Kleinwagen-Hersteller schon gegen Ende der fünfziger Jahre in den Konkurs begeben müssen, so mußten in den sechziger Jahren zwei führende Firmen erkennen, daß der Automobilbau bei großen Stückzahlen nur noch von Weltkonzernen finanziell bewältigt werden konnte: Carl F. W. Borgward hatte zwar einige Erfolgsmodelle in seinem Programm; er wollte jedoch – aus falsch verstandenem Ehrgeiz – für jeden Interessenten ein eigenes Modell liefern. Für die Kleinwagenkäufer hatte er die Lloyd-Modelle; Gutbrod fuhren die etwas besser Verdienenden, die Borgward Isabella war für sportliche Käufer, und die Hansa-Modelle waren gut zum Repräsentieren. Hinzu kam noch eine Vielzahl von Liefer- und leichten Lastwagen – Borgward konnte die immer weiter steigenden Entwicklungskosten bei so vielen Modell-Reihen nicht mehr bezahlen. Als er Liquiditätsschwierigkeiten erkennen ließ, brach sein Imperium schlagartig zusammen. Der Bremer Senat übernahm im Herbst 1960 die Borgward-Gruppe und mußte dann ein Jahr später endgültig Konkurs anmelden.

Der zweite große Verlierer war die Hans Glas GmbH aus dem niederbayerischen Dingolfing. Glas hatte 1951 mit der Produktion von Goggo-Motorrollern begonnen und 1955 mit dem Goggomobil einen Volltreffer gelandet. Die 247 ccm und 296 ccm großen Zweizylinder-Zweitaktmo-

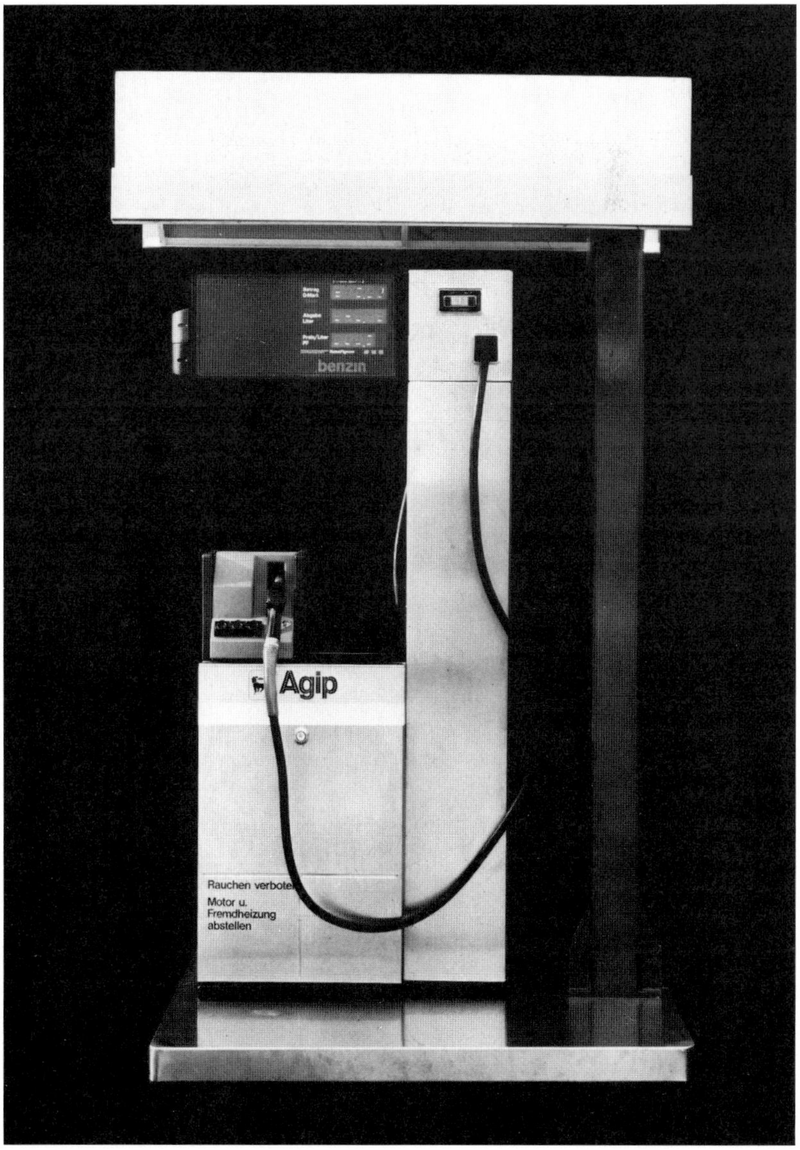

Der Ford Taunus 17 M setzte 1961 die Pontonform (»Linie der Vernunft«) endgültig durch; der 1,7-Liter-Motor leistete 60 PS.

1970 schuf Opel den Manta, der als sportlich angehauchtes, familientaugliches Coupé dem Ford Capri erfolgreich Paroli bieten konnte.

toren mit 13,6 und 14,8 PS genügten Zehntausenden von Käufern, die für die Limousine in ihrer schlichtesten Form nur 3097 DM anlegen mußten. Auch das schicke kleine Coupé war mit 3722 DM nicht besonders teuer.
Glas nutzte die Gunst der Stunde und entwickelte ein Modell nach dem anderen – es kamen der Glas Isar, die 1004-, 1204- und 1304-Baureihe (natürlich als Limousine, als Kombi-Limousine, als Coupé und als Kabriolett) und die Glas-1700-Limousine. An die Seite des Glas 1700 wurde dann noch das bildschöne 1300 GT-Coupé gestellt, das später auch mit dem 1,7-Liter-Motor als 1700 GT angeboten wurde (und auch von diesem Modell gab es ein Kabrio). Die Krönung schließlich war der Glas 2600 V8, mit dem sich Dingolfing direkt mit der Nobel-Klasse messen wollte.
Natürlich mußte auch Hans Glas bei diesem Programm die Luft ausgehen; und BMW kaufte ihm 1966 das Werk für 91 Millionen Mark ab. Das Glas-Programm wurde noch rund zwei Jahre von BMW weitergebaut; seitdem entstehen in Niederbayern Fahrzeuge Münchner Herkunft.
Es ist interessant, daß gerade BMW vom Niedergang dieser beiden Männer profitiert hat: Der BMW 1500, der ab 1962 entscheidend zur Gesundung des Hauses und zu dem Ruf, sportliche Alltags-Limousinen bauen zu können, beigetragen hatte, konnte perfekt die Lücke füllen, die die Produktionseinstellung der Isabella TS hinterlassen hatte. Der BMW 1500 besaß 80 PS aus 1,5 Liter Hubraum (Isabella TS: 75 PS), und er zeigte auf Anhieb jene guten Fahreigenschaften, die sich bis heute in München erhalten haben (Abb. Seite 169).
Der Kauf der Hans Glas GmbH ermöglichte es BMW außerdem, die Produktionskapazität zu einem Zeitpunkt zu vergrößern, als die ständig steigende Nachfrage längere Lieferfristen (und damit eventuelle Verluste von Käufern) hervorgerufen hätte.
BMW prägte mit den gut motorisierten 1800-, 2000-Modellen und den dazugehörigen TI- und TII-Varianten einen neuen Typus von leistungsstarken Familien-Limousinen, den sich später noch viele Konkurrenten aneigneten. Ein Opel Commodore beispielsweise wäre ohne Impulse von außen im eher konservativen Rüsselsheim nicht denkbar gewesen.
Mit solchen Marketing-Überlegungen mußte sich Daimler-Benz nicht auseinandersetzen: Die Fahrzeuge aus Stuttgart hatten ihre ganz eigenen Qualitäten. Hier wurden – lange bevor die Konkurrenz sich mit diesem Thema auseinandersetzte – bereits an Fahrgast-Sicherheitszellen gearbeitet, die Sicherheits-Lenksäule wurde entwickelt, Knautschzonen berechnet. Die Daimler-Benz-Fahrzeuge galten aber nicht nur als besonders sicher, sie waren auch sonst ungewöhnlich zuverlässig und außerdem höchst wertbeständig.

Diesel-Fahrzeuge, die 500 000 Kilometer mit dem ersten Motor erreichten, waren keine Ausnahme, und kleine Aufmerksamkeiten, mit denen Besitzer von 100 000-Kilometer-Fahrzeugen andernorts bedacht wurden, waren bei Daimler-Benz schon lange nicht mehr üblich.
Mit all diesen Eigenschaften hatten die Stuttgarter Fahrzeuge genau das erreicht, was das Automobil sein soll: ein zuverlässiges und wertbeständiges Gefährt, das mit optimaler Sicherheit für den Transport von Menschen und ihrem Gepäck sorgen soll. Das Auto war vernünftig geworden.
Die Kundschaft wußte den gestiegenen Wert dieser neuen Fahrzeug-Generation zu schätzen: Die Lust zu reisen nahm zu, die Fahrt mit der ganzen Familie, mit Wohnanhänger und Schlauchboot auf dem Dach wurde zur Selbstverständlichkeit, Italien die zweite Heimat der Deutschen.
1950 betrug die Zahl der Personenkraftwagen 539853, 1960 stieg sie bereits auf 4209906, und zehn Jahre später waren bei uns bereits 12904518 Pkw zugelassen. Mittlerweile steuern wir auf die 24-Millionen-Grenze zu; der Siegeszug des Automobils ist längst Tatsache.
Die Käufer veränderten allerdings auch ihre Einstellung zum Automobil. Natürlich gibt es auch heute noch begeisterte Bastler, die ihr Gefährt mit Rallye-Streifen und Weißwand-Reifen »verschönern«; die Mehrzahl schätzt das Auto jedoch als normalen und selbstverständlichen Begleiter im Alltag.
Anfangs der sechziger Jahre begann auch der Siegeszug der Kombis: Es waren nicht mehr nur Handwerker und andere kleine Unternehmer, die sich einen Opel Caravan oder einen Ford Turnier kauften. Familienväter lernten den riesigen Kofferraum eines VW »Variant« zu schätzen; bis heute ist das meistgebaute Modell der VW »Passat«-Reihe die Kombi-Version »Variant« – die es seit 1984 auch mit Allradantrieb gibt. Andere Firmen folgten, und selbst Daimler-Benz begann noch 1978 mit der Produktion seines »T«-Modells. Der Nutzeffekt wurde wichtiger als das Statusbewußtsein – die Meinung der Nachbarn interessierte immer weniger. Das Auto ist selbstverständlich geworden. So sehr viele ihren Spaß daran haben, einen Ferrari zu bestaunen oder einen Rolls-Royce vorbeigleiten zu sehen, vom eigenen Wagen verlangt man vor allem, daß er anspringt, auch bei Minusgraden zuverlässig ist, daß man die Werkstatt möglichst selten aufsuchen muß und daß er beim Verkauf noch genügend Geld bringt, zumindest die Anzahlung für einen neuen Wagen. Die Hersteller honorieren diese Einstellung mit immer wirtschaftlicheren Produktionsmethoden und immer besseren Modellen. Dabei gibt es in der Industrie nur wenige Erzeugnisse, die in den vergangenen Jahrzehnten soviel billiger und zugleich soviel besser geworden sind.

Als man Fritz Köthe einmal fragte, welche Themen ihn ganz besonders berührten, antwortete er: All das, was Menschen heutzutage am meisten interessiert. Also malt er auch Autos – superrealistisch und penibel. Hier seine künstlerische Version des Ford Taunus 17 M.

Exotik ist gefragt

Die Hersteller von Traumwagen leiden keine Not: Ferrari und Lamborghini, Aston Martin und Maserati, Rolls-Royce und Bentley haben volle Auftragsbücher und lange Lieferfristen. Es stören weder die Preise ab 100000 DM aufwärts noch das teilweise nur beschränkte Service-Netz – es zählt allein die Gewißheit, ein Kunstwerk zu besitzen.
Und Kunstwerke sind es allemal: Filigrane Motoren – oft direkt von Rennwagen-Technologie beeinflußt – und atemberaubende Karosserien, von Meistern ihres Fachs entworfen und oft direkt von Museen angekauft...
Natürlich hat es ein Nuccio Bertone oder ein Giorgio Giugiaro leichter, wenn er einen Ferrari oder einen Lamborghini einkleiden darf: Er braucht nicht an vier Türen zu denken; die Größe des Kofferraums ist unerheblich, und Platzökonomie ist auch nicht gefragt. Der Maserati Ghibli beispielsweise (Abb. Seite 175) war 4,59 Meter lang, 1,80 Meter breit und nur 1,16 Meter hoch. Und auf dieser Grundfläche, die der eines Mercedes 280 SE entsprach, hatten zwei Personen und deren Gepäck Platz.
Die meisten dieser Karosserien entsprechen demselben Grundmuster: lange, elegant geschwungene Motorhaube, große Windschutzscheibe, ein relativ kurzes Heck – und Details, die aus dem Rennsport stammen, verkleidete Scheinwerfer beispielsweise, oder Lufthutzen auf der Motorhaube und Motorraum-Entlüftungsschlitze an den Flanken.
Das Ergebnis sind dann Fahrzeuge vom Schlag eines Aston Martin DB 4 GTZ (Abb. links oben) oder eines Ferrari 250 GT SWB (Abb. Seite 175). Diese beiden Modelle gehörten zu Beginn der sechziger Jahre zu den absoluten Favoriten bei allen Sportwagenrennen. Sie boten ihren Besitzern die Möglichkeit, unter der Woche einen aufregenden Gran Tourismo zu fahren und am Wochenende beim 1000-Kilometer-Rennen auf dem Nürburgring oder in Le Mans zu gewinnen.
Während der Aston Martin auf einen 3,7-Liter-Sechszylinder mit 314 PS vertraute, besaß der Ferrari einen 3-Liter-Zwölfzylinder mit 280 PS.

Ferruccio Lamborghini begann 1963 damit, Zwölfzylinder-Sportwagen zu bauen. Sein aufregendstes Modell war der Miura, dessen Mittelmotor-Technik von einer Bertone-Karosserie perfekt verhüllt war.

Unten: Ein Maserati aus den 50er Jahren: Dieser 2-Liter-Sechszylinder mit einer Pininfarina-Karosserie stand 1954 auf dem Turiner Automobil-Salon.

Beide waren mit die schnellsten käuflichen Wagen; ihre Besitzer bekamen für rund 60000 DM knapp 260 km/h; heute werden bis zu 300000 DM verlangt – und bezahlt.
Alle diese Wagen haben eine Technik, die ohne Rücksicht auf die Kosten entwickelt werden durfte; sie waren Trendsetter und bereiteten viele Erkenntnisse aus dem Rennsport für die Serie auf:

Linke Seite oben: Von 1960 bis 1963 wurden nur 19 Exemplare des Aston Martin DB 4 mit der Zagato-Karosserie ausgeliefert. Der 314 PS starke Reihen-Sechszylinder machte den DB 4 GTZ zu einem der schnellsten Wagen seiner Zeit.

Linke Seite unten: Pininfarina baute 1962 diese Traum-Karosserie auf das Fahrgestell eines Ferrari 250 GT. Das Einzelstück ist eine raffinierte Mischung aus 250 GTL und 500 Superfast.

Die nobelste Möglichkeit, offen zu fahren, bietet zweifellos der Rolls-Royce Silver Cloud III als Convertible. Nur verschwindend wenig Exemplare wurden mit dem 6,3-Liter-Achtzylinder ausgeliefert.

Zwei große Raritäten: Ein Ferrari 365 GTS/4, von dem nur 125 Exemplare gebaut wurden – das letzte Ferrari-Kabrio mit 4,4-Liter-Frontmotor (352 PS). Darunter ein Ford GT 40 in der seltenen »Road«-version. – Direkt von dem Le-Mans-Sieger-Wagen abgeleitet, ist dies der perfekte – 300 km/h schnelle – Fünftwagen.

Die 1926 gegründete Firma Maserati begann erst Mitte der fünfziger Jahre damit, für vermögende Kunden Sportwagen zu bauen; bis dahin hatte man nur vom Verkauf der Rennwagen gelebt. Natürlich floß dieses Rennwagen-Know-how auch in die Sportwagen der Marke mit dem Dreizack im Emblem: Der A6 GCS mit der Pininfarina-Karosserie (Abb. Seite 173) war der Beginn einer Reihe von atemberaubenden Fahrzeugen, die bis in die siebziger Jahre die größte Konkurrenz der Geschöpfe von Enzo Ferrari darstellten.
Ferrari hatte von Anfang an nur auf Zwölfzylindermotoren gesetzt; er begann 1947 mit einem 1,5-Liter-V12 und baut heute diese Motoren bis zu 5 Liter Hubraum. Ferrari suchte sich stets die besten Karosserie-Firmen – mittlerweile ist Pininfarina zum Haus-Couturier geworden. Bei Ferrari konnten Kunden Einzelstücke bestellen (Abb. Seite 172) und Traumwagen erwerben, die mittlerweile beim Verkauf zumindest den doppelten Einstandspreis erbringen. Der letzte klassische Frontmotor-Spider, der 365 GTS/4 (Abb. links Mitte), kostete 1973 knapp 70000 DM, heute kostet er mindestens 250000 DM.
Ähnlich ist es mit den Wagen von Ferruccio Lamborghini. Er hatte sich über die Verarbeitung der Wagen von Ferrari geärgert und beschlossen,

Direkt vom Rennwagen war auch der BMW M 1 abgeleitet, dessen Mittelmotor 3,5 Liter Hubraum, vier Ventile pro Zylinder und 277 PS Leistung hatte. Nach nur 504 gebauten Exemplaren wurde die Produktion 1981 eingestellt.

selbst Traumwagen zu bauen. Sein aggressivstes Modell war der Miura (Abb. Seite 173), der als einer der ersten GT-Wagen über einen Mittelmotor verfügte; hier brachte ein 4-Liter-Zwölfzylinder mit 395 PS rund 280 km/h.

Natürlich gab es auch ein paar Rennwagen, die – in leicht entschärfter Version – einigen Käufern anvertraut wurden: Der Ford GT 40 gewann von 1966 bis 1969 viermal die 24 Stunden von Le Mans. Knapp 30 Wagen wurden dann in einer »Road«-Version verkauft (Abb. Seite 174). Der knapp 300 km/h schnelle Wagen hatte zwar keinen Kofferraum, war laut und heizte den Innenraum fürchterlich auf – aber er war aufregend.

Dann war da der BMW M 1 (Abb. oben), von dem 504 Exemplare an glückliche Kunden ausgeliefert wurden, ein Traumwagen mit 3,5 Liter Hubraum, vier Ventilen pro Zylinder und 277 PS. Etwas weniger rasant geht es bei Rolls-Royce zu; hier ist es schwer, das schönste aller Modelle zu bezeichnen. Alle sind makellos verarbeitet, quellen über von Holz und Leder, gleiten nahezu lautlos dahin und bieten von der Klimaanlage bis hin zum Kühlschrank im Kofferraum alles, was der Kunde bezahlen kann. Eine der rarsten Versionen ist das Silver Cloud III Convertible (Abb. Seite 174), von dem nur 30 oder 40 gebaut wurden.

Zwei Spezialitäten aus den 60er Jahren: Während der Maserati Ghibli mit 320-PS-Achtzylinder mehr zum Reisen gedacht war, ist der darunter abgebildete Ferrari 250 GT SWB ein verkleideter Rennwagen, der nahezu alle Rennen gewann.

Die ökonomische Gegenwart

Der stetig wachsende Verkehr fordert immer besser ausgebaute Straßen – das Autobahnnetz der Bundesrepublik betrug 1985 rund 8200 Kilometer.

So eigenartig es klingen mag: Das Ölembargo der Araber, das am 17. Oktober 1973 bewirkte, daß Erdölförderung und -lieferung stark gedrosselt wurden, war – nachträglich gesehen – das beste, was den Produzenten hatte passieren können. Als sich dann Anfang November 73 ein Lieferboykott für Holland und die USA abzeichnete, wurde auch dem letzten Techniker klar, daß das Automobil neue Ansprüche erfüllen müsse.
Die Zielrichtung war definiert: Ökonomie war gefragt. Plötzlich bekamen die Windkanäle der einzelnen Firmen einen völlig neuen Stellenwert. Der Cw-Wert, der die aerodynamische Güte einer Karosserie zum Ausdruck bringt, wurde zum Image-Faktor. Während diese im Windkanal ermittelte dimensionslose Zahl in den zwanziger Jahren noch bei 0.8 lag, wurde sie bis 1978 auf 0.35 herabgesetzt. In der Zwischenzeit wurden sogar die ersten Fahrzeuge auf 0.30 gebracht, so beispielsweise der 1983 zum »Auto des Jahres« gewählte Audi 100 (Abb. Seite 178).
Die Formen wurden glatter, aerodynamische Hilfsmittel wie Front- und Heckspoiler schmückten nun auch biedere Mittelklasseautos und wurden zur ertragreichen Einnahmequelle für Tuner und Zubehörhändler.
Diese Spoiler, die zuerst für bessere Bodenhaftung bei den immer schneller werdenden Rennwagen der frühen siebziger Jahre sorgten, wurden erstmals für Sportwagen von Porsche beim 911 Carrera eingesetzt. Mit seinem »Bürzel« auf dem Heck war er von 1972 bis 1975 der schnellste Porsche dieser Tage; der 2,7-Liter-Sechszylinder entwickelte 210 PS und erreichte die damals sensationelle Höchstgeschwindigkeit von 240 km/h. Da gab es nur noch einige Exoten aus Italien und England, die schneller waren (und dafür das Doppelte kosteten).

Seit dem ersten Auftritt 1968 gilt die Jaguar-XJ-Baureihe als eine der schönsten Limousinen der Welt – die zudem noch mit einem Zwölfzylinder-Triebwerk und knapp 300 PS geliefert werden kann.

Von den Porsche-Ingenieuren wurden technisch fortschrittliche Details schon immer besonders gerne übernommen, und so war es nur eine Frage der Zeit, bis auch andere Hersteller die Vorteile dieser benzinsparenden Anbauteile erkannt hatten.

Neue Materialien sorgten für eine Reduzierung des Gewichts; der Kunststoff begann seinen Siegeszug. Wog der erste Opel Kadett des Jahres 1965 noch 1160 Kilogramm, so bringt sein neuestes Pendant, der Kadett des Jahres 85, nur noch 830 Kilogramm auf die Waage. Dabei erreichte der »alte« Kadett mit seinem 1,1-Liter-Vierzylinder und 45 PS Leistung 125 km/h und verbrauchte etwa zehn Liter Benzin auf 100 Kilometer. Sein Nachfolger kommt mit rund sieben Litern auf 100 Kilometer aus, ist 155 km/h schnell, bietet bei Unfällen deutlich mehr Überlebenschancen, ist komfortabler und geräumiger – und leistet dennoch nur zehn PS mehr.

Der Kunststoff setzte sich an den Stoßstangen genauso durch wie am Armaturenbrett; Autositze und Lenkräder bestehen aus Kunststoff, und bald wird es auch Motorteile aus Plastik geben. VW schäumt heute jeden Benzintank aus Kunststoff; bei Wettbewerbswagen – die auf jedes Kilogramm Übergewicht besonders achten müssen – bestehen sogar schon die Seiten- und die Heckscheiben aus diesem Material der Zukunft.

Nachdem zu Beginn der sechziger Jahre der amerikanische Rechtsanwalt Ralph Nader damit begonnen hatte, das Angebot der Automobilindustrie auf seine Sicherheit hin zu untersuchen, wurde zunehmend auch der aktiven und passiven Sicherheit wesentlich mehr Aufmerksamkeit geschenkt.

Naders Kritik hatte sich zuerst auf den Chevrolet Corvair beschränkt, eine Neukonstruktion der GM-Tochter mit einem Sechszylinder-Boxermotor im Heck und einer etwas abenteuerlichen Straßenlage. Nachdem etliche Fahrzeuge dieser Baureihe größere Unfälle verursacht hatten, machte sich Nader daran, im Namen der Geschädigten GM zu verklagen, weil die Firma dieses offensichtlich unsichere Auto zum Verkauf freigegeben hatte. Nader gewann – trotz des beeindruckenden Aufgebots an Rechtsanwälten der gegnerischen Seite – und führte damit bei den Amerikanern ein neues Sicherheitsbewußtsein ein.

Der zweite Gegner war VW: Nader bescheinigte dem Käfer schlicht, daß er bei jeder Geschwindigkeit unsicher sei. Sein Buch »Unsafe at any speed« wurde zu einem riesigen Verkaufserfolg und brachte VW of North America an den Rand

Ein Weltauto: Der Golf – hier die Golf-II-Version – ist ein würdiger Käfer-Nachfolger, der auch Maßstäbe für die Konkurrenz gesetzt hat.

Das teuerste Auto der Welt steht auf dem Mond: Charles Duke bewegte dieses Gefährt bei der Apollo-16-Mission in der Nähe des Gebiets Stone Mountain.

Das »Auto des Jahres 1983« – der Audi 100 – setzte neue Werte für Aerodynamik, Ökonomie und Design. Seit 1984 ist er auch als »Quattro« mit permanentem Allradantrieb zu kaufen.

des Bankrotts. VW änderte daraufhin den Käfer in einigen Details, und der Verkauf konnte weitergehen. Von da an aber war die Sicherheitsfrage nicht mehr wegzudiskutieren.

Daimler-Benz hatte mit solchen Dingen keine Probleme: Hier hatte der 1907 geborene Österreicher Béla Barényi mit über 2500 Patenten, die er allein oder in Zusammenarbeit mit Daimler-Benz entwickelte, den Grundstock für die Sicherheits-Forschung gelegt. Barényi, der schon 1925 sein erstes Patent auf eine Sicherheits-Lenkung erteilt bekam, arbeitete ab 1939 fest angestellt bei Daimler-Benz und bekam vom jetzigen Vorstands-Vorsitzenden Prof. Werner Breitschwerdt bei seinem Ausscheiden im Jahr 1974 bescheinigt, daß »er mit seinen über 2500 Patenten auf dem Gebiet des Kraftfahrzeugs sogar den ingeniösen Thomas Alva Edison in den Schatten stellen würde«.

Barényi, der in Stuttgart Leiter der Abteilung Vorentwicklung war, stellte seine Arbeit unter folgende sechs Grundforderungen: 1. Das Gesamtkonzept muß verkehrsflächen- und raumökonomisch sein. 2. Soviel wie möglich aktive und passive Sicherheit. 3. Jede Sicherheitsmaßnahme muß ökonomisch optimiert werden. 4. Gebrauchsunempfindlichkeit und beste Anpassung an verschiedene Nutzungsmöglichkeiten sind selbstverständlich. 5. Die Fabrikationsmöglichkeiten müssen durch den Groß-Gruppenbau erleichtert werden. 6. Die Wartungs- und Reparaturfreundlichkeit muß durch eine funktionelle Anordnung der Karosserieverkleidungsteile sichergestellt sein.

Mit diesen sechs Grundsätzen – die natürlich in ähnlicher Form auch für die Konkurrenz galten – eroberte sich Daimler-Benz einen Ruf, der bis heute unangetastet ist. Einige Patente von Béla

Eine Klasse für sich:
Die neue Mercedes-Benz-W 124-Baureihe wurde im Dezember 1984 vorgestellt und bietet drei Diesel- und vier Benzin-Versionen.

Barényi zeigen, wie vielseitig dieser bis heute unbekannte Erfinder war: Das Grundpatent 854157 für die Sicherheits-Karosserie wurde 1952 erteilt und von der ganzen Konkurrenz in Anspruch genommen. Es enthielt die grundlegenden Gedanken zur Sicherheitszelle, zu den Knautschzonen und zum Flankenschutz. 1944 dachte er mit dem Patent 867201 über die Grundzüge eines reparaturfreundlichen Automobils nach, und das Patent 947048 schützte bereits 1954 das Sicherheits-Lenkrad mit Pralltopf und dem Lenkrad als schützender Abfangplatte. Dieser nur winzige Ausschnitt aus dem Schaffen von Barényi läßt ahnen, wie entscheidend sein Beitrag zur Sicherheit unserer Automobile heute ist.

Die Autos der siebziger und achtziger Jahre wurden aber nicht nur leichter und dennoch sicherer, sie verbrauchten auch deutlich weniger Benzin. Das war teilweise der Benzin-Einspritzung zu verdanken, die nach der ersten Einführung im 300SL und nach der ersten Großserie im Mercedes 220 SE immer populärer geworden war. Die in den Zylinder einzuführende Menge des Treibstoffs wurde genauer abgemessen und zu einem exakteren Zeitpunkt eingespritzt, als es die gröberen Vergaser bislang bewerkstelligen konnten. Die stetig steigenden Verkaufszahlen führten auch zu einer Verbilligung der Einspritzanlagen – heute ist sie bei jedem Golf GTI serienmäßig vorhanden. Zum zweiten hatte die Einführung der Elektronik in den Motorenbau erstaunliche Resultate: Plötzlich konnten viele verschiedene Sensoren, die den momentanen Zustand des Motors in Bruchteilen von Sekunden registrieren, der Elektronik die Daten liefern, die sie in derselben Windeseile zur Steuerung von Benzinmenge, Einspritz-Zeitpunkt und Zündpunkt benötigt. Das Ergebnis: eine optimale Verbrennung und daraus resultierend der geringstmögliche Verbrauch bei bester Leistung.

Viele Firmen lernten diese Lektion äußerst schnell: Der Golf wurde auf Anhieb ein Welterfolg, und sein Nachfolger, der Golf II (Abb. Seite 177), ist noch schneller, geräumiger und sparsamer geworden. Etwas kleiner, aber mindestens genauso pfiffig ist der Fiat Uno, der bei einer Gesamtlänge von nur 3,64 Meter problemlos vier Personen unterbringt – und hinter der großen Heckklappe auch das dazugehörige Urlaubsgepäck verschwinden läßt (Abb. Seite 181). Wer schließlich

Ebenfalls ein »Auto des Jahres«. Der Fiat Uno überzeugt durch seine Ökonomie und sein Design, das er dem Italiener Giugiaro verdankt. Darunter der Ford Scorpio, dessen aerodynamische Form nicht zu übersehen ist. Besonders erfreulich: Er ist das erste serienmäßig mit einem Anti-Blockier-System ausgerüstete Auto. Ganz unten das Porsche 911 Carrera Cabrio: »Fahren in seiner schönsten Form«.

das Geld für die Top-Version, den Uno Turbo, erübrigt, kann mit knapp 200 km/h erleben, welchen Fortschritt die Automobiltechnik in den letzten Jahren gemacht hat.

Opel stellte 1984 den neuen Kadett vor, den ersten Opel-Kleinwagen mit Frontantrieb. Wie kompakt und ingeniös die Fahrzeuge dieser Kategorie sind, zeigt die Schnittzeichnung auf Seite 182: Der Kadett bekam 1985 den Titel »Auto des Jahres« verliehen.

Für den aufmerksamen Betrachter der Automobilszene zeigte sich in den vergangenen Jahren ein erstaunliches Phänomen: Waren früher die kleinen, prestigeträchtigen Hersteller stets an der Spitze des Fortschritts gestanden, so besetzten nun immer mehr die Großserien-Fabrikanten diese Stelle.

Heute überraschen die kleinen Produzenten nur noch selten; die überproportional steigenden Entwicklungskosten, die immensen Geldmassen, die für die Zulassung und Abstimmung der einzelnen Fahrzeuge für die verschiedenen Länder benötigt werden, und die immer schärfere Konkurrenz zwingen die einstigen Vertreter der Avantgarde immer öfter ins Hinterfeld.

Hätte man sich etwa früher vorstellen können, daß ausgerechnet Audi unter der Führung des dynamischen Entwicklungs-Chefs Ferdinand Piëch (einem Enkel von Ferdinand Porsche) den Allrad-Antrieb salonfähig machen würde? Bei Audi wurde zudem die aerodynamisch beste Serien-Limousine der Welt entwickelt – der Audi 100 (Abb. Seite 178) setzte 1983 Maßstäbe.

Auch die Ford-Modelle, denen jahrelang das Image des Fahrers mit Hosenträgern und Wohnwagen anhing, erstaunten das Publikum, und zwar mit dem Scorpio, der als erste Limousine der Welt ein Anti-Blockier-System (ABS) serienmäßig mit auf den Weg bekam (Abb. Mitte). Elegant und laufruhig, mit Motoren bis zu 2,8 Liter Hubraum und 150 PS Leistung, versucht der Scorpio nun, am Sockel der Stuttgarter zu rütteln.

Daimler-Benz konnte jedoch gegenhalten. Die neue W 124-Baureihe – sie umfaßt die Modelle vom 200 bis zum 300 E und vom 200 D bis zum

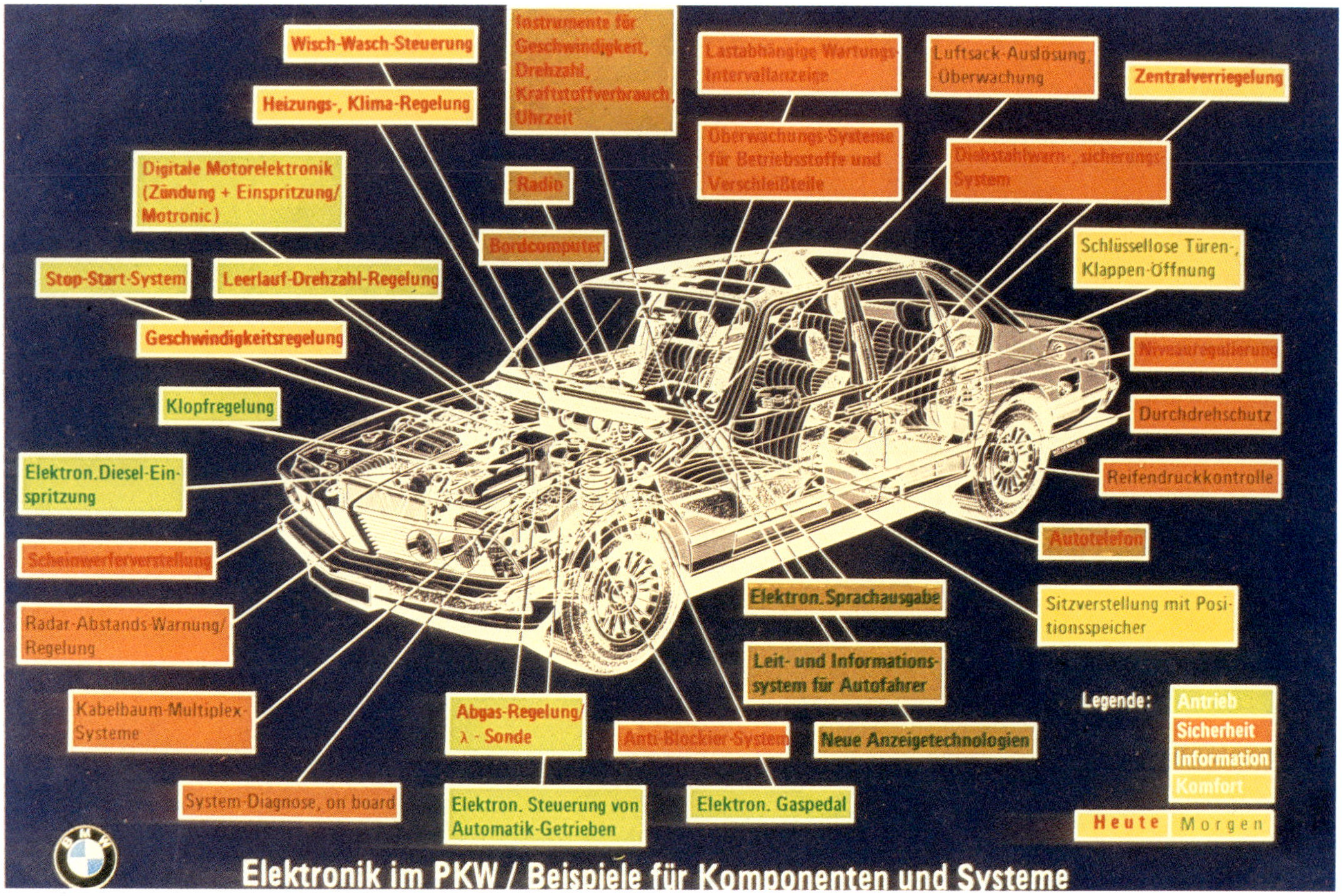
Wisch-Wasch-Steuerung
Heizungs-, Klima-Regelung
Instrumente für Geschwindigkeit, Drehzahl, Kraftstoffverbrauch, Uhrzeit
Lastabhängige Wartungs-Intervallanzeige
Luftsack-Auslösung, -Überwachung
Zentralverriegelung
Digitale Motorelektronik (Zündung + Einspritzung/ Motronic)
Radio
Überwachungs-Systeme für Betriebsstoffe und Verschleißteile
Diebstahlwarn-, sicherungs-System
Bordcomputer
Stop-Start-System
Leerlauf-Drehzahl-Regelung
Schlüssellose Türen-, Klappen-Öffnung
Geschwindigkeitsregelung
Niveauregulierung
Klopfregelung
Durchdrehschutz
Elektron. Diesel-Einspritzung
Reifendruckkontrolle
Scheinwerferverstellung
Autotelefon
Radar-Abstands-Warnung/ Regelung
Elektron. Sprachausgabe
Sitzverstellung mit Positionsspeicher
Leit- und Informationssystem für Autofahrer
Kabelbaum-Multiplex-Systeme
Abgas-Regelung/ λ - Sonde
Anti-Blockier-System
Neue Anzeigetechnologien
Legende:
Antrieb
Sicherheit
Information
Komfort
Heute
Morgen
System-Diagnose, on board
Elektron. Steuerung von Automatik-Getrieben
Elektron. Gaspedal
Elektronik im PKW / Beispiele für Komponenten und Systeme

Nach wie vor beschäftigen sich auch Künstler mit dem Thema Automobil: Der Münchner Ludwig Arnold ist einer von ihnen; sein Bild von 1983 trägt den Titel »Edsel Pacer I«.

300 D – zeigt einmal mehr, warum die Fahrzeuge der Marke mit dem Stern so beliebt sind: Ein hervorragendes Fahrwerk, verbunden mit sparsamen und dennoch leistungsstarken Triebwerken, umhüllt von einer attraktiven Karosserie und gesichert mit der Gewißheit, daß der Wiederverkaufswert sehr hoch sein wird – da sind Lieferfristen nahezu unvermeidlich (Abb. Seite 180).
Die meisten Produzenten sind sich heute darüber im klaren, daß für den Kunden die Verarbeitungsqualität und die Haltbarkeit das A und O sind. Aerodynamik und Leichtbau, Ökonomie und Leistung werden schon nahezu als Selbstverständlichkeit vorausgesetzt. Die Kundschaft möchte Qualität für die gesalzenen Preise, die die Industrie ihnen heute abknöpft.
Zugleich gewann in den vergangenen Jahren auch das Thema »Umweltschutz« einen immer höheren Stellenwert. Der amerikanische Bundesstaat Kalifornien und die Japaner hatten bereits vor Jahren eine drastische Reduzierung der Schadstoffe in den Abgasen per Gesetz eingeführt. Der Katalysator wurde problemlos serienreif gemacht und – nachdem in den Berichten der Forstämter von immer größeren Schäden in unseren Wäldern zu lesen war – auch bei uns immer stärker gefordert. Die Diskussionen der Deutschen mit den EG-Partnern haben dann gezeigt, daß hauptsächlich in Frankreich, England und Italien das Umweltbewußtsein noch nicht in dem Maß vorhanden ist wie bei uns.
Die Zukunft wird jedoch zeigen, daß der Katalysator kommt, wahrscheinlich schneller, als wir uns vorstellen können. Zwar ist der Anteil der Kraftfahrzeug-Abgase an der Abgas-Gesamtmenge verhältnismäßig gering; trotzdem werden wir mit dem Aufpreis für dieses umweltfreundliche System leben können. Schließlich bietet das Automobil zu viele Vorteile, als daß es der Katalysatorfrage wegen ins gesellschaftliche Abseits geraten dürfte – und ohne das Auto wäre unser Leben in der heutigen Form nicht mehr möglich. Aber diese Lektion haben die meisten Entwicklungs-Ingenieure schon begriffen.

Linke Seite oben:
Was Auto-Elektronik heute leisten muß, dargestellt am Beispiel BMW.

Linke Seite unten:
Was sogenannte Kleinwagen heute können, war für Mittelklassewagen vor zehn Jahren noch unmöglich: Temperament und Ökonomie, verbunden mit genau definiertem Crash-Verhalten. Diese Schnittzeichnung zeigt den neuen Opel Kadett.

Und die Zukunft?

Giorgio Giugiaro ist derzeit wahrscheinlich der produktivste Automobil-Designer: Entwurf für den englischen Produzenten Lotus. Darunter der Peugeot Quazar mit 600 PS Leistung – eine Design-Studie, die in dieser Form niemals in Serie gehen wird.

Auch wenn es viele nicht wahrhaben wollen: Das Auto wird sich in noch größeren Stückzahlen über unsere Straßen verbreiten. Dafür sorgt nicht nur die große Zahl von Jugendlichen, die in diesen Jahren achtzehn werden, sondern auch der Trend zum Zweit- und Drittwagen und die wachsende Zersiedlung. Immer mehr Menschen bauen außerhalb der Städte und sind dann – da die öffentlichen Verkehrsmittel ihre Transportwünsche nicht erfüllen können – auf das mobilste aller Transportmittel, eben das Automobil, angewiesen.

Wir werden in der Zukunft also andere Autos benötigen: Fahrzeuge, die sich durch große Ökonomie und durch hohen Gebrauchswert auszeichnen; Fahrzeuge, die den steigenden Ansprüchen einer Freizeitgesellschaft entgegenkommen – mit variablen Kofferräumen für die Hobby-Utensilien, mit großen Heckklappen und einer intelligenten Innenraumaufteilung.

Renault hat bereits ein Fahrzeug in seinem Programm, das diese Richtung demonstriert: den Espace (Abb. Seite 185), der mit den Abmessungen einer Mittelklasse-Limousine und einer aerodynamisch gelungenen Form großzügig Platz für sieben Personen bietet. Fahren weniger Personen mit, können die fünf Sitze der zweiten und dritten Sitzreihe einzeln demontiert werden, was eine entsprechende zusätzliche Ladefläche schafft.

Nach diesem Konzept sind auch die Entwürfe von BMW und Ford entstanden (Abb. Seite 185), die allerdings in dieser Form noch nicht serienreif sind; besonders der BMW-Entwurf geht mehr in Richtung Traumwagen. Hier würde allein die Klimaanlage, die die beiden riesigen Glasflächen vor der Aufheizung schützen müßte, einen Großteil des Motorraums beanspruchen.

Ein Traumwagen ist auch der Peugeot Quazar (Abb. links), der mit seinem 600 PS starken Turbomotor mehr die Innovationsfähigkeit des französischen Hauses demonstrieren als Erkenntnisse für die Serienproduktion bringen soll. Solche Fahrzeuge werden gerne für Ausstellungen gebaut, an ihnen dürfen die Stylisten und Techniker zeigen, was sie alles machen könnten, wenn sie nicht auf Praxisnähe Rücksicht nehmen müßten.

Kleine Firmen, die für eine spezielle Klientel arbeiten, haben natürlich mehr Freiheiten: Der italienische Star-Designer Giorgio Giugiaro durfte für Lotus seine Vorstellung eines Sportwagens der achtziger Jahre verwirklichen (Abb. links oben), die im Jahr 1986 in Serie gehen soll – wenn

Ein Großraumwagen-Konzept von Renault: Der Espace wird bereits erfolgreich verkauft; eine Allrad-Version wird folgen. Darunter der Entwurf für einen BMW des Jahres 2000 – bei solchen Glasflächen wird die Klimaanlage riesig sein müssen. Mehr Freizeit beansprucht auch mehr Transportkapazität; dieser Tatsache hat der Ford Ghia Vignale TSX-4 Rechnung getragen. Die Basis ist hier ein amerikanischer Ford Tempo.

man bei einer Stückzahl von 200 oder 300 Autos pro Jahr überhaupt von einer Serie sprechen kann.

Die Autos von morgen werden im Windkanal glattgebügelt werden und dennoch ihr eigenes Design haben. Die Bedenken, daß alle Automobile ähnlicher werden könnten, sind nicht gerechtfertigt. Neue Materialien kommen zum Einsatz: Kunststoffe werden immer mehr die Metalle ersetzen; sie sind höher belastbar, wiegen weniger, und sie werden – mit steigender Produktion – auch billiger. Glasfaserverstärkte Kunststoffe, die heute beispielsweise das Rückgrat der Formel-1-Chassis bilden, werden auch tragende Funktionen bei sportlichen Serienfahrzeugen wahrnehmen können. Glasfaserkabel übernehmen die Aufgaben des Kabelbaums: In der Zukunft gibt es in keinem Wagen mehr Hunderte von einzelnen Kabeln; der Fahrer wird direkt am Armaturenbrett erkennen, wenn eine Funktion (z. B. ein Blinkerlicht) gestört ist.

Digitale Instrumente werden selbstverständlich sein; die guten alten Rundinstrumente wird es nur noch in teuren Luxuswagen geben, bei denen man mit Handarbeit kokettiert.

Und die Motoren? Noch sparsamer mit noch mehr Leistung – diesen Widerspruch lösen die Techniker durch die Elektronik, von der das Triebwerk die exakt benötigte Benzinmenge zum richtigen Zeitpunkt zugeteilt bekommt. Hierbei arbeiten Sensoren, die beispielsweise exakte Drehzahl, Außentemperatur, Luftdruck, Öltemperatur, Belastung (Vollgas oder verhaltenes Fahren) und etliches mehr permanent verarbeiten und ohne Verzögerung an die Einspritzpumpe und die Zündung weitergeben. Es wird Sechsgang-Getriebe geben – ab 1986 bei Porsche und bei Audi.

Kurz gesagt: Das Auto wird 100 Jahre nach seiner Erfindung neu erfunden – es erfüllt die Ansprüche seiner Käufer in einer Form, von der Gottlieb Daimler und Carl Benz nicht einmal träumen konnten. In dieser Form wird es auch in den nächsten Jahrzehnten keine Konkurrenz zu fürchten brauchen. Die heute für selbstverständlich gehaltene Mobilität werden öffentliche Nahverkehrsmittel niemals bieten können.

Firmensignets – eine Auswahl

Adler
1886 begann Heinrich Kleyer in Frankfurt damit, Fahrräder zu bauen – 13 Jahre später kam die Geburtsstunde der Adler-Automobile. Das Emblem zeigt einen stilisierten Adler.

Alfa Romeo
Alfa steht für »Anonima Lombarda Fabbrica Automobili« und Romeo für Nicola Romeo, der 1914 Direktor der Firma wurde. Kreuz und Schlange stammen aus dem Wappen von Mailand.

Aston Martin
Lionel Martin hatte vor dem Ersten Weltkrieg mit getunten Singer-Fahrzeugen das Aston-Clinton-Bergrennen gewonnen und benannte ab 1921 seine Wagen »Aston Martin«.

Audi
Als August Horch 1909 die von ihm gegründeten Horch-Werke in Zwickau verlassen mußte, gründete er sofort eine neue Marke, die den Namen Audi (lat. »höre«) trug.

Austro-Daimler
Bereits 1890 hatte Daimler in Wien eine Tochtergesellschaft gegründet, die von 1899 bis 1933 unter dem Namen »Austro-Daimler« Autos baute. Der Doppeladler war das Symbol des Kaiserhauses.

Bentley
Walter Owen Bentley baute ab 1921 Automobile, die 1924 und von 1927 bis 1930 das 24-Stunden-Rennen von Le Mans gewannen. Auf dem Emblem fliegt das »B« wie ein Vogel.

BMW
Die »Bayerischen Motoren Werke« – daher die Buchstaben BMW – bauten im Ersten Weltkrieg erfolgreiche Flugmotoren; daher der stilisierte Propeller, der je ein Viertel des blauen Himmels zeigt.

Borgward
Als 1924 Carl F. W. Borgward seinen »Blitzkarren« das erstemal vorführte, hatte er den Grundstein für ein Imperium – bis 1961 – gelegt; die weißen und roten Ecken in der Raute sind die Farben von Bremen.

Bugatti
Ettore Bugatti baute Kunstwerke auf Rädern, seine Geschöpfe sind heute nahezu unbezahlbar. Über seinem Namen – auf rotem Grund – stehen die Initialen: »E«ttore »B«ugatti.

Cadillac
Die Cadillac Motor Company, die 1903 in Detroit zu produzieren begann, übernahm ihren Namen von Antoine de la Mothe Cadillac, einem der Gründer von Detroit im 17. Jahrhundert – hier sein Wappen.

Citroën
André Citroën war vor dem Ersten Weltkrieg Ingenieur bei Mors, dann machte er sich 1919 selbständig. Dieses ältere Emblem – das mittlerweile weiter stilisiert wurde – symbolisiert Zahnräder.

De Dion
Bis heute rätseln die Historiker, was dieses LABC im Emblem der Pionierfirma bedeutet. Wahrscheinlich sollte das ABC andeuten, daß es kinderleicht sei, einen Wagen dieses Hauses zu fahren.

DKW
Während das DKW oben für »Des Knaben Wunsch« stand, war Auto Union der Name des 1932 gegründeten Firmenverbands, der aus den Produzenten Audi, DKW, Horch und Wanderer bestand.

Duesenberg
Von 1913 an bauten die Brüder August und Fred Duesenberg Fahrzeuge, die rasch zu den stärksten Wagen Amerikas wurden; der US-Adler dokumentiert – neben dem Namen – die Kraft ihrer Reihen-Achtzylinder.

Ferrari
Ein Rappen auf gelbem Grund war im Ersten Weltkrieg der Glücksbringer des Piloten Francesco Baracca. Enzo Ferrari durfte ihn seit den 20er Jahren auf seine Renn- und Sportwagen montieren.

Fiat
1899 gründete Giovanni Agnelli die »Fabbricca Italiana Automobili Torino«, abgekürzt: F.I.A.T. 1906 wurde daraus dann Fiat. Die Version mit dem Lorbeerkranz wurde von 1922 bis 1931 benutzt.

Ford
Mit dem T-Modell hatte Henry Ford I 1908 das Zeitalter der Massenproduktion eingeleitet – es wurde bis 1927 mit nur geringen Änderungen gebaut; das schlichte Emblem gibt es noch heute.

Hispano-Suiza
Der Schweizer Ingenieur Marc Birkigt fand in Spanien das Kapital zur Gründung einer Autofirma. Die Flügel symbolisieren Geschwindigkeit – oben die rot-gelben Farben Spaniens, darunter das Schweizer Kreuz.

Horch
Obwohl August Horch, der für Carl Benz in Mannheim gearbeitet hatte, 1909 die von ihm 1899 gegründete Firma verlassen mußte, wurden noch bis 1938 in Zwickau exzellente Wagen unter seinem Namen gebaut.

Isotta-Fraschini
Cesare Isotta und Oreste Fraschini machten sich 1899 daran, Luxuswagen der höchsten Preisklasse zu bauen; das »IF« steht für die Initialen, aber auch für »Intrepida« und »Fides«: »Mut« und »Treue«.

Lancia
Graf Carlo Biscaretti di Ruffia entwarf für die Fahrzeuge des ehemaligen Fiat-Werk-Rennfahrers Vincenzo Lancia die Flagge – an einer Lanze befestigt – vor einem Lenkrad mit vier Speichen.

Lotus
Von 1952 an baute Colin Chapman Sportfahrzeuge, die unter dem Namen »Lotus« rasch populär wurden. Die Initialen A.C.B.C. standen für Anthony Colin Bruce Chapman.

Maserati
Obwohl alle fünf Maserati-Brüder seit der Jahrhundertwende bei Autofirmen tätig waren, gab es erst 1926 den ersten Maserati; der Dreizack stammt vom Neptunbrunnen in Bologna, wo die ersten Autos gebaut wurden.

Mercedes-Benz
Mercedes war der Name der Tochter von Konsul Jellinek, der ab 1900 auf Fahrzeugen des Hauses Daimler erschien – der Stern symbolisiert die Beherrschung von Wasser, Land und Luft durch den Menschen.

M.G.
Cecil Kimber wurde 1922 Inhaber der Morris Garages in Oxford. Damals wußte er bereits, daß er eines Tages Fahrzeuge bauen würde: 1925 war es soweit; seither tragen die Wagen die Initialen seiner Firma.

N.S.U.
Die Neckarsulmer Fahrzeugwerke (NSU) hatten schon 1873 mit der Herstellung von Nähmaschinen begonnen; ab 1906 wurden Autos gebaut – unter dem Namen das Stadtwappen von Neckarsulm

Opel
Da der Opel »Blitz« – ein leichter Lastwagen – seinen Schöpfern außergewöhnlich schnell vorkam, führten die Fahrzeuge des 1862 gegründeten Hauses ab den 30er Jahren diesen stilisierten Blitz.

Peugeot
Belfort, die Heimat der Firma Peugeot hatte nach 1871 ein Löwen-Denkmal errichtet zur Erinnerung an die Verteidigung der Stadt vor den Deutschen – so kam der Löwe ins Peugeot-Emblem.

Porsche
Als Ferdinand Porsche 1950 in Stuttgart mit der Produktion seiner Sportwagen begann, wurde das Wappen Stuttgarts mit dem des Landes Baden-Württemberg verbunden.

Renault
Louis Renault schnitt 1922 in den Kühlergrill ein Loch, damit die dahinter positionierte Hupe besser zu hören sei. Die Öffnung wurde mit diesem Emblem – das zwischen den Stäben offen war – verschönt.

Rolls-Royce
1904 begannen die Herren Charles Stewart Rolls und Frederick Henry Royce Autos von hoher Qualität zu bauen; die Initialen wurden 1910 aus ästhetischen Gründen in Schwarz umgewandelt.

Skŏda
Dieser stark stilisierte Pfeil mit Flügeln ist das Symbol des tschechischen Hauses Skŏda, das seit 1899 – zuerst unter dem Namen Skŏdovy Zavody – Automobile produziert.

Steyr-Puch
Johann Puch, der seit 1899 Autos gebaut hatte, schloß sich 1920 mit den Austro-Daimler-Werken zusammen, die dann 1934 mit den Steyr-Werken fusionierten – das Fadenkreuz zeigt, daß Steyr auch Waffen produzierte.

Volkswagen
Solange der Volkswagen nur in Wolfsburg produziert wurde, wies der Wolf auf der stilisierten Burg auf den Ort hin – heute tragen die Fahrzeuge nur noch das schlichte VW-Emblem.

Volvo
Als Assar Gabrielsson 1926 den ersten Volvo (lat. »ich bewege mich«) vorstellte, fügte er diesem Namen noch das auf Landkarten gebräuchliche Symbol für Eisen hinzu, das in Schweden reichlich vorhanden ist.

Wanderer
Die Firma Wanderer, die in Schoenau-Chemnitz ab 1885 Fahrräder produziert hatte, baute ab 1911 – nach Bugatti-Patenten – auch Automobile. 1932 wurde die Firma von Auto Union übernommen.

Register

Kursive Ziffern verweisen auf
Abbildungen

Bildnachweis

Autor und Verlag danken den Presseabteilungen aller Autofirmen, die durch die großzügige Bereitstellung des wertvollen Bild- und Informationsmaterials dieses Buch erst möglich gemacht haben.

Agip AG: 44 o., 168 u., 169 u.
Alfa Romeo: 18 o., 127 u., 142
Alpina: 163 o
Archiv für Kunst und Geschichte: 14 o., 18 u., 34, 38 o., 56 u., 59 o., 62 o., 66, 74, 118, 125 u., 132 o., 133, 135 o., 138, 145 o.
Ludwig Arnold: 183
Audi AG: 22, 23 u., 50 o., 61 o., 71 u., 103 o., 107 o., 113 o., 131, 132 u., 157 o., 162 o., 168 o., 178
Bildagentur Mauritius: 179
Bildarchiv Preußischer Kulturbesitz: 65 o.
BMW AG: 61 u., 65 u., 147 u., 163 o., 169 o., 175 o., 182 o., 185 M.
Citroën Deutschland: 101 r., 136, 167 u.
Continental AG: 16
Daimler-Benz AG: 1, 4, 6, 8, 9, 11 u., 13 o., 17 o., 20 u., 30, 47, 51 o., 53 o., 55 (2), 56 o., 57, 70 o., 79 u., 82, 86/87 o., 102, 103 u., 111 u., 112 u., 120, 121 u., 124, 125 o., 126 u., 129, 150 o., u. (2), 160 o. (2), 180, Einbandvorderseite
dpa: 176
Fiat AG: 11 o., 15 o.r., 35 u., 42, 51 u., 54, 59 u., 70 u., 78, 84, 92, 99 o., 123 u., 126 o., 127 o., 130 u., 146, 147 o., 154, 181 o.
Ford AG: 21, 29 o., 44 u., 60, 62 u., 71 o., 100 r., 137 o., 139 u., 147 M., 155 u., 170 o., 181 M., 185 u., Einbandrückseite o.r., u.r.
General Motors: 15 o.l., 19 u., 33 o., 41 M., 58, 75 u., 90 u., 91 u., 93 u., 94 u., 95, 149 u., 150 M., 151, 153
Hans-Joachim Gross: 171
Jaguar Deutschland: 85 u., 140 u., 161 o., 177 o.
Lancia: 31 o., 63 u., 67 (2), 75 o., 87 u., 113 u., 152, 163 u., 164
Lewandowski, Archiv: 14 u., 33 u., 50 u., 63 o., 64 u., 90 (3), 91 (3), 94 o., 101 l., 105, 106 (2), 107 u., 110 (3), 111 (3), 121 o., 127 o., 130 o., M. (2), 140 o., 144, 160 u., 164, 172 (2), 173 (2), 174 (3), 175 u. (2), 184 o.
Leyland Deutschland: 2, 10, 19 o., 20 o., 23 o., 27 (2), 35 o., 46, 72 o., 89 u., 122, 139 o., 145 u., 148, 156, 157 u., Einbandrückseite o.l.
Nürburgring GmbH: 123 o.
Adam Opel AG: 17 u., 26, 40, 64 o., 97 o., 100 l., 109 u., 134, 143, 167 o., 170 u., 182 o.
Peugeot Deutschland: 13 u., 25 u. l., 32, 48 o., 81 u. (2), 114, 117 o., 161 u., 162 u., 184 u., Einbandrückseite u.l.
Dr.-Ing. h.c.F. Porsche AG: 137 u., 149 o., 165 o., 181 u.
Renault Deutschland: 15 u., 31 u., 38 u., 79 o., 83, 86 u., 99 u., 155 o., 165 u., 166, 185 o.
Rolls-Royce: 29 u., 37 u., 39
Roth-Händle, Archiv: 25 u.r., 28 u., 52, 88, 108
Halwart Schrader: 98 u.
Süddeutscher Verlag Bilderdienst: 12, 24, 25 o., 28 o., 36 (2), 37 o., 41 o., u. (2), 43 (3), 45, 48 u., 49, 53 u., 68 (3), 72 u., 73 (2), 76 (2), 77, 80, 81 o., 85 o., 93 o., 96, 97 u., 104 o., 109 o., 112 o., 115 (2), 116, 117 u., 119, 128, 135 u.
Südwest Verlag: 69 (2), 89 o., 104 u., 117 M.
Arthur Thill: 158/159
Volkswagenwerk AG: 177 u.

Das Plakat auf S. 98 wurde entnommen dem Band »50 Automobil-Salons Genf 1924–1980. Eine große Plakat-Rückschau«. Tribune Editions und Salon de l'automobile, Genf (Foto: Musée du Vieux, Genf und Jack Metzger).

Die Aufnahme auf Seite 141 entnahmen wir mit freundlicher Genehmigung dem Buch Jungwirth / Komschröder »Die Pubertät der Republik«, Fricke Verlag, Frankfurt, 1984.